アクティブラーニングで学ぶ
Javaプログラミングの基礎 1

大野　澄雄 編

荻谷　光晴　　田所　裕康　　宇田　隆哉
加藤　秀行　　長名　優子　　政倉　祐子
共著

コ ロ ナ 社

ま　え　が　き

本書はプログラミング初級者を対象として，読者がプログラミング，Java 言語，オブジェクト指向の基礎を理解し，活用できることを目的とした「アクティブラーニングで学ぶ Java プログラミングの基礎」シリーズの前編である。この『アクティブラーニングで学ぶ Java プログラミングの基礎 1』では，プログラミング経験がほとんどない学習者を対象としており，変数，条件文，繰り返し文，配列などプログラミングの基礎について学ぶ。これらの内容は，Java 言語に限定したものではなく，手続き型プログラミング言語全般に共通する概念・構文であり，Java 言語を題材に取り上げて解説したものである。なお，シリーズの後編『アクティブラーニングで学ぶ Java プログラミングの基礎 2』では，それに引き続いて，クラス，継承といったオブジェクト指向言語である Java 言語の真髄を中心に学ぶことになる。

本書で学ぶ範囲のプログラミングの概念や作法は，今後学ぶおおよそのプログラミング言語に共通するものであり，プログラミングの入り口として基礎となると同時に重要な内容であるといえる。逆にいうと，この内容を理解し，難しさを乗り越えることが，さまざまなプログラミング言語の理解・活用に役立つものとなる。本シリーズでは，新しい概念を説明するためのサンプルプログラムを示すだけではなく，読者の理解を確実なものにするため「アクティブラーニング」を随所に取り入れた。アクティブラーニングとは書籍や教科書を単に読んで理解するだけでなく，読者が主体的・積極的に自ら物事を学ぶことであり，知識を定着させ，応用力を身につけるための重要な学びの手法である。また,「コーヒーブレイク」では初級者が陥りやすい誤りや，より深い理解のための知識をできる限り平易に解説した。なお,「アクティブラーニング」と演習問題の解答例を Web ページからダウンロードすることができるので，ぜひ自習することをお勧めする（詳細は p. 28 参照）。

本書の著者は，大学 1 年生の講義・演習を担当する若手の講師陣により構成されている。著者らは研究活動を通してプログラミング技術を現実の問題を解決するツールとして活用する研究者である一方で，担当講義の中で実際に学生に接して，理解が難しい概念をどう伝えたらよいかを日々工夫して解説をしている。本書はそういったノウハウを結集し，新しい学習者のために再構成を行ったものである。

読者は，本書を活用して，Java 言語を題材としたプログラミングの基礎を理解し，つぎのステップに進むべき基礎力を身につけていただきたい。また，自ら学ぶ力を習得することによって，プログラミングの世界での応用力を養ってくれることを期待している。

最後に，宇田隆哉講師をはじめとする東京工科大学の教員からなる本書の執筆陣一同の協力に心から感謝する。また，本書の出版にあたりコロナ社にも感謝の意を表する。

2015 年 1 月

大野　澄雄

●編者・執筆者一覧●

○編者

大野　澄雄（東京工科大学）

○執筆者（執筆順）

荻谷　光晴（東京工科大学）：1，2，3 章
田所　裕康（東京工科大学）：4，5 章
宇田　隆哉（東京工科大学）：6 章
加藤　秀行（東京工科大学）：7 章
長名　優子（東京工科大学）：8 章
政倉　祐子（東京工科大学）：9 章

（2015 年 1 月現在）

目　　　　次

1.　Java を始める前の準備

2.　はじめての Java

3.　Java 言語の簡単な出力

4.　変　　　　数

5. 演　　　算

6. 条　件　文

7. 繰り返し文

8. 配　列

9. メ ソ ッ ド

『アクティブラーニングで学ぶ Java プログラミングの基礎 2』主要目次

1 Java を始める前の準備

この章では，Java プログラムを使うための環境を整える方法について記述する。Java プログラムを行ったことがない人は，まずはこの章の内容を見て環境を整えてほしい。

Java プログラムは JDK がインストールされていれば，どの環境でも実行することが可能である。本書では，Linux の Ubuntu 上で emacs を用いたプログラムの説明を行うが，Windows 上で Java プログラムを作成する場合についての環境設定も説明する。

1.1 Windows での環境設定

Windows の場合は，JDK を Oracle の HP からダウンロードしてインストールすることで，Java プログラムを実行することが可能となる (2014 年 9 月現在)。

http://www.oracle.com/technetwork/java/javase/downloads/index.html

上記の URL にアクセスして，自分の使っているパソコンの OS や環境に対応した JDK をダウンロードしインストールする。インストール後，2 章で示すプログラム 2-1 の「Hello.java」のようなソースコードをメモ帳などで記述し，コマンドプロンプトを起動して，コンパイル，インタプリタを実行すればよい。Windows 8 での，コマンドプロンプトの起動は「Windows ロゴキー」+「x」を押すと，プルアップメニューが表示されるので，その中から「コマンドプロンプト」を選択すると起動できる。コマンドプロンプト上で java -version や javac -version と入力して，つぎのようにバージョン情報が表示されれば実行可能である。環境により，「\(バックスラッシュ)」は「¥(円記号)」として表示されることもあるが，同じ意味である。

バージョン確認

```
C:\Users\アカウント名>java -version
java version "1.8.0_20"
java(TM) SE Runtime Environment (build 1.8.0_20-b26)
java HotSpot(TM) 64-Bit Server VM (build 25.20-b23, mixed mode)

C:\Users\アカウント名>javac -version
javac 1.8.0_20
```

もし，どちらかのコマンド結果で以下のようにエラーが出た場合は，システムの環境変数PATHを書き換えて，Javaの環境を認識させる必要がある。

バージョン確認のエラー例

```
C:\Users\アカウント名>javac -version
'java' は，内部コマンドまたは外部コマンド，操作可能なプログラムまたは
バッチファイルとして認識されていません。
```

例えばJDKが「C:\Program Files\Java\jdk1.8.0_20」の場所にインストールされた場合は，環境変数PATHに「;C:\Program Files\Java\jdk1.8.0_20\bin」を書き加えるなどすればよい。

しかし環境変数の変更は，間違えるとパソコンが起動しなくなるので，自信がない人には統合開発環境（IDE）をインストールすることをお勧めする。IDEは，いくつかあるので好きなものを選ぶとよい。先ほどのURLにはNetBeansというIDEがあるので，インストールしてもよい。IDEをインストールした場合は，コンパイルやインタプリタを明示的に実行しなくてもよくなる。

1.2 Linuxでの環境設定

本書ではLinuxのUbuntuを用いて説明している。Ubuntuは，以下のURLから無料でダウンロードできる。

http://www.ubuntu.com/download/desktop/

2014年9月現在では，Ubuntu 14.04 LTSがダウンロード可能である。またJavaプログラムをコンパイルなどするために，JDKとemacsのインストールが必要となる。

まずはUbuntuのインストールを行い，ログインする。デスクトップが表示された後,「Ctrl（コントロール）」+「Alt（オルト）」+「t」を同時に押すとシェル・ウィンドウを起動できる。

JDKとemacsをインストールするためには，インターネットに接続した状態で，以下のコマンドをシェル・ウィンドウで実行すればよい。

emacs, JDK, JRE のインストール

```
$ sudo apt-get update
$ sudo apt-get upgrade

$ sudo apt-get install emacs

$ sudo add-apt-repository ppa:webupd8team/java
$ sudo apt-get update
$ sudo apt-get install oracle-java8-installer
```

その後，シェル・ウィンドウで，`java -version` と `javac -version` コマンドを実行して，Windows の場合と同じ結果が表示されれば，JDK のインストールは正常に完了している。あとは，emacs を用いて次章以降を参考に Java プログラムを作成してほしい。

2 はじめての Java

この章では，Java 言語を用いたプログラムの書き方について説明する。Java 言語は，OS に依存せずに使用することができる。本書では，OS としてオープンソースの Ubuntu を用いた Java プログラムの書き方について取り上げる。プログラムはエディタで記述することができる。Ubuntu には emacs というエディタがあるので，emacs を用いてプログラムを書いてみることにする。

2.1 プログラムを書いてみる

まずは Ubuntu 上で端末（シェル・ウィンドウ）を起動してみよう。Ubuntu を起動して，自分のユーザー名でログインした後に,「Ctrl（コントロール）」キーと「Alt（オルト）」キーを押しながら,「t」のキーを押そう。ウィンドウで端末が開き，つぎのように表示されているはずである。

シェル・ウィンドウの表示の意味

```
ユーザー名@コンピュータ名：~$
```

以降は，ユーザー名が「user」であり，コンピュータ名が「laptop」として説明をする。

emacs を起動する前に，覚えておくと便利ないくつかの Unix のコマンドを紹介する。

- cd（チェンジディレクトリ）：ディレクトリを移動する。
- ls（リスト）：現在のディレクトリの中にあるファイルやディレクトリを表示する。
- pwd（プリントワーキングディレクトリ）：現在いるディレクトリを表示する。
- mkdir（メイクディレクトリ）：ディレクトリを作成する。
- emacs（イーマックス）：emacs を起動する。

はじめに，ディレクトリを作成して，プログラムをまとめる場所を作成してみよう。

```
user@laptop:~$ mkdir prog1      ← prog1 というディレクトリを作成
user@laptop:~$ ls
prog1
user@laptop:~$ cd prog1         ← prog1 ディレクトリへ移動
user@laptop:~/prog1$
```

1 行目では「prog1」という名前のディレクトリを作成している。2 行目で，ディレクトリが作成できたか確認している。3 行目は「ls」コマンドの実行結果を示しており，4 行目で

「prog1」ディレクトリへ移動している。現在のディレクトリが移動したかどうかは，5 行目の「`$`」の前が「`~`」から「`~/prog1`」と変更されていることからも確認できる。

つぎに emacs を起動してプログラムを作成してみよう。今回は,「Hello.java」という名前のファイル名でプログラムを作成してみる。

```
user@laptop:~/prog1$ emacs Hello.java &
```

emacs コマンドでは「emacs Hello.java」のように，半角スペースの後に文字列を指定すると，指定した文字列名でファイルを開くことができる。では，上記のコマンドを端末に入力して Enter を押してみよう。emacs 用のウィンドウが開くので，後はその中にプログラムコードを記述すればよい。なお，入力したコマンドの最後についている「&」は，emacs をバックグラウンドで起動するためのコマンドである。「&」をつけて実行すると，emacs を起動した後でも端末にさらにコマンドを入力できる。この状態で起動すると emacs を閉じなくてもコンパイルができるので,「&」をつけてコマンドを実行することを推奨する。それでは，プログラム 2-1 を emacs 上で入力してみよう。

プログラム 2-1 (文字を表示する Java プログラムの例)

```
1 class Hello {
2     public static void main(String[] args){
3         System.out.println("はじめての Java プログラム");
4     }
5 }
```

プログラム 2-1 の構造は以下の通りである。

```
class Hello {  ← クラス名の宣言とクラスの始まり
    public static void main(String[] args){  ← main() の始まり
        System.out.println("はじめての Java プログラム");  ← 出力部分
    }  ← main() の終わり
}  ← Hello クラスの終わり
```

`class Hello {}` の部分は**クラス名の宣言**部分であり,「`class` クラス名 `{ }`」のようにクラスの名前を記述している。Java プログラムはクラス名を指定して，`{ }` の中に行いたい処理を記述する。`public static void main(String[] args) {}` は，プログラムの主となる部分である。この部分は **main()** と呼ばれ，Java プログラムではこの main() の後ろにある `{ }` 内のソースコードを上から順番に実行することになる。3 行目が，このプログラムで実際に実行される処理である。ここでは,「はじめての Java プログラム」という文字列を出力するものになっている。

プログラムを実行したい場合，emacs でソースコードを記述しただけでは実行ができない。プログラムを実行するためには，記述したファイルを保存してからコンパイルやインタプリタを実行する必要がある。emacs で使用できる便利なショートカット機能を列記しておく。

- C-g：ショートカット入力を中止する（何度か押すとよい）。
- C-x C-s：ファイルを上書き保存する。
- C-x C-w：ファイルを名前をつけて保存する。
- M-w：選択している範囲をコピーする。
- C-w：選択している範囲を切り取る。
- C-y：コピーした内容を貼りつける。
- C-x RET f：文字コードと改行コードを変更する。
- C-c C-q：プログラムを整形（インデントを整える）する。
- C-x C-c：emacs を終了する。

ここで

C-○：「Ctrl」キーを押しながら○キーを押す。

M-○：「Esc」キーを押した後に○キーを押す。

RET： Enter キーを押す。

例えば C-x C-s なら「Ctrl」キーを押しながら「x」キーを押し，その後「Ctrl」キーを押しながら「s」キーを押す。

を表している。

emacs で作成したファイルを保存したい場合は，emacs で開かれたウィンドウを選択した状態で,「Ctrl」キーを押しながら「s」を押せばよい。emacs で正しく保存できた場合は，左下の表示が「`-U：---  Hello.java`」のようになるので確認すること (文字コードが UTF-8 の場合の表示)。もし保存がされていない場合は，「`-U：**-  Hello.java`」のように表示されている。

プログラムを保存したら，実際にプログラムを実行してみよう。emacs はプログラムを保存した後であれば，終了しないまま実行可能である。実行するには，端末に以下のように入力すればよい。

```
user@laptop:~/prog1$ javac Hello.java    ← コンパイルを実行
user@laptop:~/prog1$ ls
Hello.class Hello.java
user@laptop:~/prog1$ java Hello    ← インタプリタを実行
はじめての Java プログラム    ← プログラムの実行結果
```

1 行目は，Java プログラムのコンパイルを行っている。コンピュータには，Hello.java に書いてある命令文のままだと理解できないため，コンパイラにコンピュータでも読める命令文に変換してもらう必要がある。そのため「javac Hello.java」を実行する必要がある。コンパイラは「Hello.java」というファイルを読み込み，コンピュータでも理解できる「Hello.class」というファイルを作成する。2 行目の「ls」コマンドは，そのファイルがあるかどうかを確認している。コンパイルが失敗していると「Hello.class」が作成されないので，確認してみるとよい。実際にプログラムを実行しているのは，4 行目の「java Hello」である。このコマンドでは,「Hello.class」 をコンピュータに読ませることでプログラムを実行している。その結果として表示されているのが，5 行目の「はじめての Java プログラム」の文字である。

2.2　コンパイラとインタプリタ

コンピュータが直接理解できる機械語 (machine language) は,「0」と「1」の数字の羅列で表されたものである。これに対して Java 言語はプログラム言語であり，人間が理解できるように高級な命令によって構成されている。ここでいう高級という意味は，人間が実際に話している言語に近いという意味である。

Java 言語で書かれたプログラムを実行するためには，コンピュータが理解できるように翻訳を行う必要がある。コンパイラとインタプリタは，そのために用いられる。**コンパイラ** (compiler) とは,「javac ***.java」の形式で実行され，人間が見てわかりやすい高級な命令である Java 言語から，コンピュータが理解しやすい単純な命令の組み合わせに翻訳してくれるものである。**インタプリタ** (interpreter) とは,「java ***」の形式で実行され，単純な命令の組み合わせに翻訳されたものを読み，実際に命令を実行してくれるものである。

プログラムを実行する際には，この二つの操作をただ暗記するだけでなく，**図 2.1** のような流れにより，われわれが理解する言語からコンピュータが理解する言語へ 2 段階の手順により翻訳していることを理解して実行してほしい。

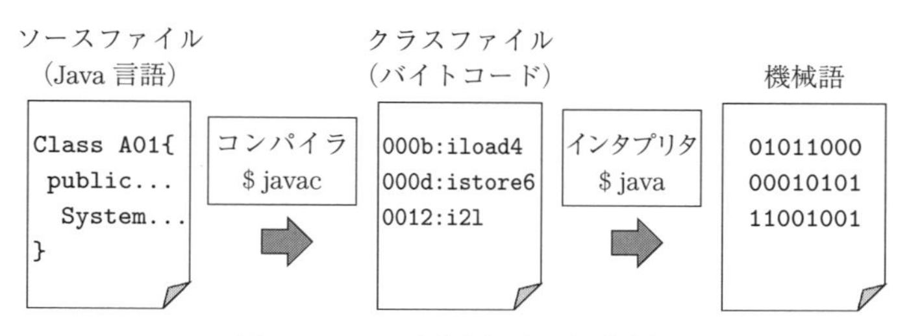

図 2.1　コンパイラとインタプリタ

2.3 println() と print() の違い

プログラムでは実行結果を出力することが頻繁にある。出力の方法には，**println()** と **print()** がある。この違いについて，プログラム 2-2 により説明をする。

プログラム 2-2 (println() と print() の違い)

```
1 class Hello {
2     public static void main(String[] args){
3         System.out.println("はじめての");
4         System.out.println("Java！");
5         System.out.print("はじめての");
6         System.out.print("Java！");
7     }
8 }
```


実行結果 2-2

```
user@laptop:~/prog1$ javac Hello.java
user@laptop:~/prog1$ java Hello
はじめての
Java!
はじめての Java!user@laptop:~/prog1$
```


プログラム 2-2 の 3, 4 行目は，`println()` により出力している。`println()` は出力後に改行を行うので，実行結果において「はじめての」と「Java!」の後ろにはともに改行が挿入されている。5, 6 行目は，`print()` により出力されているので，実行結果では「はじめての Java!」と連続表示されている。さらに,「`user@laptop:~$`」もその後に改行がされずに表示されている。

2.4 コメントアウト

プログラムの中には，どのような処理を行うか説明をソースコードの中に記述したり，処理を実行しないようにすることができる。プログラムを実行する際に，ソースコードを読まないようにする処理を**コメントアウト**という。コメントアウトするためには，ソースコード上で「`//`」または「`/* */`」を用いればよい。実際にどのように記述するとコメントアウトが使用できるのかプログラム 2-3 とプログラム 2-4 で説明する。

プログラム 2-3 (//によるコメントアウトの例)

```
1 class Hello {
2     public static void main(String[] args){
3         System.out.println("はじめての");  //println() は実行される
4         System.out.println("Java！");
5         //  System.out.print("はじめての");
6         //  System.out.print("Java！");
7     }
8 }
```

//の後ろは処理されない。

print() は実行されない。

実行結果 2-3

```
user@laptop:~/prog1$ javac Hello.java
user@laptop:~/prog1$ java Hello
はじめての
Java!
user@laptop:~/prog1$
```

プログラム 2-3 では，3 行目の「System.out.println("はじめての");」の後ろに「// println() は実行される」と記述されている。コメントアウトはその行の「//」の後ろから適用されるので,「println() は実行される」という日本語はプログラムとして処理されない。また，5, 6 行目の処理の最初に「//」があるので，この 2 行は実行されない。

つぎに,「/* */」を用いたコメントアウトの例をプログラム 2-4 に示す。

プログラム 2-4 (/* */によるコメントアウトの例)

```
01 class Hello {
02     public static void main(String[] args){
03         System.out.println("はじめての");
04         System.out.println("Java！");
05         /*
06         System.out.print("はじめての");
07         System.out.print("Java！");
08         */
09     }
10 }
```

「/* */」は,「//」と異なり,「/* 」と「*/ 」で挟まれた範囲をすべてコメントアウトすることが可能である。つまり，複数行を同時にコメントアウトすることができ，プログラム 2-4 では 05〜08 行目のソースコードはすべて処理されない。

2.5 初心者が誤りやすい例

はじめて Java 言語を学ぶと，さまざまな点で誤ってしまうことがある。ここでは，よくある誤りを挙げることで，Java 言語を楽しく学んでもらえることを期待する。エラーの内容説明は，初心者にとってわかり難い文面であることも多い。どのようなエラーの場合に，どのような内容の文面が表示されるのか，初めのうちに理解するように心がけよう。

〔1〕 コンパイル時に.java をつけ忘れる

プログラム 2-5 (コンパイル可能なソースコード)

```
1 class Hello {
2     public static void main(String[] args){
3         System.out.println("はじめての Java プログラム");
4     }
5 }
```

プログラム 2-5 コンパイル時のエラー表示

```
user@laptop:~/prog1$ ls
Hello.java
user@laptop:~/prog1$ javac Hello
エラー: クラス名'Hello'が受け入れられるのは，注釈処理が明示的にリクエストされた場合のみです
エラー 1 個
```

プログラム 2-5 はコンパイル可能であるが，コンパイル時のコマンドに誤りがあるためにエラーが発生している。「javac Hello.java」としなければいけないのだが「.java」の記述が抜けている。このようにプログラムのソースコードが正しくても，コマンドを誤るとコンパイルできないので注意しよう。

〔2〕 プログラムファイルの名前に.java の拡張子をつけ忘れる

「user@laptop:~/prog1$ emacs Hello」のように，プログラムファイルの名前を「Hello」と指定して emacs を起動し，プログラム 2-6 を作成したとする。

プログラム 2-6 (コンパイル可能なソースコード)

```
1 class Hello {
2     public static void main(String[] args){
3         System.out.println("はじめての Java プログラム");
4     }
5 }
```

プログラム 2-6 コンパイル時のエラー表示の一部

```
user@laptop:~/prog1$ ls
Hello
user@laptop:~/prog1$ javac Hello.java
javac: ファイルが見つかりません: Hello.java
```

こちらは，プログラムファイルの名前に「.java」の拡張子がついていないために，エラーが発生している。コンパイル時にはプログラムファイル名の拡張子まで記述する必要があるので，プログラムファイル名には必ず「.java」をつけよう。emacs でファイル名を指定する場合は「emacs Hello.java」のように拡張子まで明記すると覚えておくとよい。

〔3〕 クラス名の宣言を書き忘れる

プログラム 2-7 (クラス名の記述がない)

```
1 public static void main(String[] args){
2     System.out.println("はじめての Java プログラム");
3 }
```

プログラム 2-7 コンパイル時のエラー表示

```
user@laptop:~/prog1$ javac Hello.java
Hello.java:1: エラー: class, interface または enum がありません
    public static void main(String[] args){
                  ^
Hello.java:3: エラー: class, interface または enum がありません
    }
    ^
エラー 2 個
```

上記はプログラム 2-7 が記述されている `Hello.java` をコンパイルしようとして出たエラーを示している。プログラム 2-7 では，`class クラス名 { }` の記述が抜けているため，エラーとなる。これでは，コンパイラがプログラムをコンパイルする際に，`クラス名.class` のファイルを作成できない。`クラス名.class` のクラス名部分は，ソースコードの `class クラス名 { }` で決めるからである。

ここでエラー表示の見方を説明する。まずエラーの個数が 2 と出ているが，一番上のエラーから対処することを覚えてほしい。なぜならば，エラーは連動して発生することが多く，実際には 1ヶ所だけのエラーであるにも関わらず，複数箇所でエラーが発生するからである。では実際に，エラー表示のどの部分を見るとエラーの内容が理解できるか説明しよう。実行結果の 2 行目の表示を見てほしい。「`Hello.java:1: エラー: class, interface または enum がありません`」とある。これは，「`Hello.java`」というファイル名の中の「1 行目」が「エ

ラー」であり，内容は「class，interface または enum の宣言がないこと」を示している。今回はクラスの宣言がなかったので，１行目においてエラーが表示されている。3 行目のエラーは 1 行目のエラーと連動して発生しているものであり，１行目のエラーを修正するだけで発生しなくなる。

〔4〕 main() の宣言を書き忘れる

プログラム 2-8 (main() の書き忘れ)

```
1 class Hello {
2     System.out.println("はじめての Java プログラム");
3 }
```

プログラム 2-8 コンパイル時のエラー表示の一部

```
user@laptop:~/prog1$ javac Hello.java
Hello.java:2: エラー: <identifier>がありません
```

プログラム 2-8 は，main() の記述がない。main() は，プログラム全体で一つだけ必要なメソッドである。エラー表示を見ると，2 行目でエラーが発生しており，その内容は identifier がないことを示している。この場合は，`public static void main(String[] args) {}` の記述がないことを意味している。

〔5〕 大文字と小文字の誤り

プログラム 2-9 (大文字と小文字の誤り)

```
1 class Hello {
2     Public static void main(String[] args){
3         System.out.println("はじめての Java プログラム");
4     }
5 }
```

プログラム 2-9 コンパイル時のエラー表示の一部

```
user@laptop:~/prog1$ javac Hello.java
Hello.java:2: エラー: <identifier>がありません
    Public static void main(String[] args) {
          ^
```

プログラム 2-9 は，本来 `public` とすべて半角小文字で記述しなければいけないところを，頭文字だけ大文字にしている。これは Java 言語の習いはじめによくある誤りである。ほかにも `Class` や `Static` のように，本来は頭文字を小文字にする必要があるのに大文字にしたり，`system.out.println` の `System` のように頭文字を大文字にする必要があるのに小文字にしたりする誤りが多い。Java 言語の大文字小文字の違いは意味があるので注意しよう。

エラー表示は，プログラム 2-8 と同じになる。4 行目の ^ はどこに誤りがあるのかを示しており，ここでは public の部分にあることを示している。ただし，エラーの種類によっては，あまり適切ではない箇所を示すこともあるので，参考程度と認識しておくとよい。

〔6〕 } や ; の書き忘れ

プログラム 2-10 (括弧の書き忘れ)

```
1 class Hello {
2     public static void main(String[] args){
3         System.out.println("はじめての Java プログラム");
4 }
```

プログラム 2-10 コンパイル時のエラー表示の一部

```
Hello.java:4: エラー: 構文解析中にファイルの終わりに移りました
```

これもよくある誤りで，} がないケースである。プログラム 2-10 では，public … {} の終了を示す } がない。{ } は必ず対で書く必要がある。ほかに ( ) も対で書くことを忘れることも多いので気をつけよう。{ } や ( ) は，対で書く習慣を身につけるとよい。また「; (セミコロン)」の書き忘れも多い。; は命令文の終了を意味するので，これがないと命令が終了しない。必ずつける習慣をつけよう。

これらの誤りを見つけるには，前述した C-c C-q コマンドを emacs 上で用いるとよい。このコマンドは，ソースコードのインデントをきれいに整形してくれるので，記述後に実行すると，書き忘れを見つけやすくなる。

〔7〕 単語途中の不必要な空白

プログラム 2-11 (単語途中の不必要な空白)

```
1 class Hello {
2     p ublic static void main(String[] args){
3         System.out.println("はじめての Java プログラム");
4     }
5 }
```

プログラム 2-11 コンパイル時のエラー表示

```
user@laptop:~/prog1$ javac Hello.java
Hello.java:2: エラー: ';' がありません
    p ublic static void main(String[] args) {
     ^
エラー 1 個
```

Java 言語のプログラムでは空白は意味があるため，プログラム 2-11 のように `public` の単語を `p ublic` として空白スペースで区切ると誤りになる。エラー表示の内容は，2 行目に「;」がないと指摘しているが，実際には，単語が途切れていることにより，コンパイラがエラーを誤認しているからである。このように，予期しないエラーの場合には，適切ではない表示がされることもあることを覚えておこう。

〔8〕 全角文字

プログラム 2-12 (全角文字)

```
1 class Hello {
2     ｐｕｂｌｉｃ static void main(String[] args){
3         System.out.println("はじめての Java プログラム");
4     }
5 }
```

プログラム 2-12 コンパイル時のエラー表示の一部

```
user@laptop:~/prog1$ javac Hello.java
Hello.java:2: エラー: <identifier>がありません
    ｐｕｂｌｉｃ static void main(String[] args) {
        ^
```

Java 言語のプログラムでは，文字は半角で入力しなければならない。プログラム 2-12 のｐｕｂｌｉｃのように全角文字にすると，コンピュータは処理できないので注意しよう。

〔9〕 全角の空白文字

プログラム 2-13 (全角の空白入力)

```
1 class Hello {
2     public static void main(String[] args){
3         System.out.println("はじめての Java プログラム");
4         □ ←全角の空白スペース
5     }
6 }
```

プログラム 2-13 コンパイル時のエラー表示の一部

```
user@laptop:~/prog1$ javac Hello.java
Hello.java:4: エラー: \12288 は不正な文字です

        ^
```

Java 言語のプログラムでは，プログラム 2-13 のように全角の空白文字がある場合でも，コンパイルができないので特に注意が必要である。全角の空白文字は視認できないため，日本語入力した場合には気をつけること。ただし，`println()` 内部の`""`に囲まれた部分では，全角文字や空白を用いると文字列として処理されるので，そのまま表示することができる。

〔10〕 作成したプログラムファイルがないディレクトリでコンパイルをしようとする

ファイルがないディレクトリでのコンパイルの実行

```
user@laptop:~$ ls
prog1
user@laptop:~$ javac Hello.java
javac:ファイルが見つかりません: Hello.java
user@laptop:~$ cd prog1
user@laptop:~/prog1$ ls
Hello.java
user@laptop:~/prog1$ javac Hello.java
user@laptop:~/prog1$ java Hello
はじめての Java プログラム
```

上記のように，Hello.java は作成済みであっても，プログラムファイルの保存ディレクトリ以外でコンパイルを実行しようとすると，エラーが発生する。コンパイルやインタプリタを実行する際には，自分が現在いるディレクトリにプログラムファイルがあるかどうか確認してから実行するようにしよう。

〔11〕 ファイル名とクラス名が異なる

プログラム 2-14 (Hello.java)

```
1 class Java {
2     public static void main(String[] args){
3         System.out.println("はじめての Java プログラム");
4     }
5 }
```

Hello.java のコンパイルとインタプリタの実行

```
user@laptop:~$ javac Hello.java
user@laptop:~$ ls
Hello.java  Java.class
user@laptop:~$ java Hello
エラー：メイン・クラス Hello が見つからなかったかコードできませんでした
user@laptop:~$ java Java
はじめての Java プログラム
```

プログラム 2-14 には，プログラム上の誤りはない。しかし，このプログラムをコンパイルすると作られるファイルは，Java.class である。そのため java Hello とインタプリタを実行してもエラーになる。ここで java Java とするとインタプリタは実行可能ではあるが，このような誤解を招くソースコードはマナーとして作成するべきではない。

〔12〕 インデント

プログラム 2-15（インデント）

```
1      class Hello {
2  public static void main(String[] args){
3    System.out.println("はじめての Java プログラム");
4  }
5        }
```

プログラム 2-15 も，プログラム上の誤りはない。ただし，このような読みにくいソースコードは，単純な誤りや予期しないプログラムの動作の原因となるので，必ず正しいインデント（字下げ）にするのがマナーである。

正しいインデントのつけ方は，emacs のショートカットコマンドの C-c C-q を行うことで自動に整形してくれるので，覚えておくと便利である。

アクティブラーニング 2.1

Java 言語のプログラムについて，以下の事柄を示すソースコードやコマンドの例を記述せよ。

クラス名の宣言	
main()	
コンパイルの実行	
インタプリタの実行	

コーヒーブレイク

Q 太：「A 子ちゃん。プログラムを変更しても，変更前のものが実行されちゃうんだよ～」
A 子：「どんな風に変更したの？」
Q 太：「こんな感じ～」

プログラム 2-16（変更前の Hello.java）

```
1  class Hello {
2      public static void main(String[] args){
3          System.out.println("はじめての Java プログラム");
4      }
5  }
```

プログラム 2-17 (変更後の Hello.java)

```
1 class Java {
2     public static void main(String[] args){
3         System.out.println("作り替えた Java プログラム");
4     }
5 }
```

A子：「うーん，ソースコードは間違ってなさそうよね。」

ハチ王子先生：「プログラムを実行したときのコマンドはどうやったのかな？」

Q太：「あ，先生！こんな感じです。」

```
user@laptop:~$ javac Hello.java
user@laptop:~$ ls
Hello.class  Hello.java  Java.class
user@laptop:~$ java Hello
はじめての Java プログラム
user@laptop:~$
```

ハチ王子先生：「なるほどね。Q太君は，クラスの宣言，コンパイル，インタプリタのことをまだよく理解していないみたいだね。まず変更後のプログラムでは `javac Hello.java` とコンパイルしても，作られるのは `Hello.class` ではなく `Java.class` なんだよ。」

A子：「そうか！Q太はクラス宣言で，クラス名を `Java` に変えちゃってるんだ！」

ハチ王子先生：「そうだね。だからその後で `java Hello` とインタプリタを実行しても，内容が変更されていない `Hello.class` を実行してしまうんだ。もし新しくできた `Java.class` を実行したければ `java Java` とする必要があるのだよ。」

Q太：「そうだったんですか。前にコンパイルして作られたものを実行していたんですね。」

ハチ王子先生：「でもQ太君，ファイル名とクラス名は同じにするのがマナーだぞ！」

Q太：「はい！覚えました！」

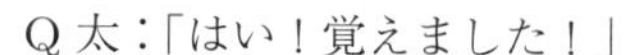

演　習　問　題

2.1　以下にプログラム 2-18〜2-23 として，プログラムをコンパイルした場合のエラーを示している。どのような間違いがあるのか確認し，各プログラムを修正しなさい。

(1)

プログラム 2-18

```
1 class Hello {
2     pubic static void main(String[] args) {
3         System.out.println("はじめての Java!");
4     }
5 }
```

プログラム 2-18 コンパイル時のエラー表示の一部

```
Hello.java:2: エラー: <identifier>がありません
    pubic static void main(String[] args) {
         ^
```

［解答欄］

(2)

プログラム 2-19

```
1 class Hello {
2     public static void main(String[] args) {
3         System.out.println("はじめての Java!);
4     }
5 }
```

プログラム 2-19 コンパイル時のエラー表示の一部

```
Hello.java:3: エラー: 文字列リテラルが閉じられていません
System.out.println("はじめての Java!);
                   ^
```

［解答欄］

(3)

プログラム 2-20

```
1 class Hello {
2     public static void main(String[] args) {
3         System.out.println("はじめての Java!";
4     }
5 }
```

プログラム 2-20 コンパイル時のエラー表示の一部

```
Hello.java:3: エラー: ')' がありません
System.out.println("はじめての Java!";
                                    ^
```

［解答欄］

(4)

プログラム 2-21

```
1 class Hello {
2     public static void main(String[] args) {
3         system.out.println("はじめての Java!");
4     }
5 }
```

プログラム 2-21 コンパイル時のエラー表示の一部

```
Hello.java:3: エラー: パッケージ system は存在しません
system.out.println("はじめての Java!");
      ^
```

［解答欄］

(5)

プログラム 2-22

```
1 class Hello {
2     public static void main(String[] args) {
3         System.out.println("はじめての Java!");
4     }
```

プログラム 2-22 コンパイル時のエラー表示の一部

```
Hello.java:4: エラー: 構文解析中にファイルの終わりに移りました
    }
     ^
```

［解答欄］

(6)

プログラム 2-23

```
1 class Hello {
2     public static void main(String[] args) {
3         System.out.println("はじめての Java!"　);
4     }
5 }
```

プログラム 2-23 コンパイル時のエラー表示の一部

```
Hello.java:3: エラー: \12288 は不正な文字です
System.out.println("はじめての Java!"　);
                                     ^
```

［解答欄］

2.2　以下の設問について回答しなさい。

(1)　実行結果 2-24 のように出力されるように，プログラム 2-24 を完成させなさい。

プログラム 2-24

```
1 class Hello {
2     public static void main(String[] args) {
3         System.out.println(                    );
4         System.out.println(                    );
5     }
6 }
```

実行結果 2-24

```
こんにちは。
今日はよい天気ですね。
```

［3 行目の空欄に入るコード］

［4 行目の空欄に入るコード］

(2)　プログラム 2-25 の実行結果を答えなさい。

プログラム 2-25

```
1 class Hello {
2     public static void main(String[] args) {
3         System.out.println("こんにちは。");
4         System.out.print("今日は");
5         System.out.print("よい天気ですね。");
6     }
7 }
```

［実行結果］

3 Java 言語の簡単な出力

この章では，Java 言語に関する基本的な表示の仕方について説明する。プログラムにおいて，実行結果の出力は頻繁に行うので，どのように記述するのか基本を学んでいこう。

3.1 さまざまな文字の表示

まずは，いくつかの文字の出力を行うプログラムを作成してみよう。

プログラム **3-1** (VariedPrint.java)

```
1 class VariedPrint {
2     public static void main(String[] args){
3         System.out.println("はじめての Java プログラム");
4         System.out.println('A');
5         System.out.println(135);
6     }
7 }
```

文字列を表示したい場合は，プログラム 3-1 の 3 行目のように「”（ダブルクォーテーション）」で文字列を囲めば表示される。1 文字の場合は，4 行目のように「’（シングルクォーテーション）」で囲んでもよい。数値の場合は，5 行目のようにそのまま書けば表示される。

プログラム 3-1 をプログラム 3-2 のように変更してみよう。出力される文字は同じでも，改行されずにすべての文字が表示される。このように出力のされ方も，命令により変更することができる。

プログラム **3-2** (VariedPrint.java)

```
1 class VariedPrint {
2     public static void main(String[] args){
3         System.out.print("はじめての Java プログラム");
4         System.out.print('A');
5         System.out.print(135);
6     }
7 }
```

3.2　表示の整形とエスケープシーケンス

println() や print() を用いて，特殊な記号文字を表現する場合は，注意が必要である。特定の記号文字はソースコードの一部と認識されるので，ただの文字として扱うことを明示する必要がある。「\(バックスラッシュ)」を用いることで，ソースコードとして扱わないことを明示することができ，このことを**エスケープシーケンス**という。環境により，「\」は「¥(円記号)」として表示させることもあるが，同一の意味として扱われる。

3.2.1　特 殊 文 字

例えば，プログラム 3-3 のようなプログラムを書いてみよう。

プログラム 3-3 (VariedPrint.java)

```
1 class VariedPrint {
2     public static void main(String[] args){
3         System.out.println("\' はじめての Java プログラム\'");
4     }
5 }
```

このように「\」を特殊な文字の「"」や「'」の前に置くことで，ただの文字として表示することができる。このほかには，**表 3.1** のようなエスケープシーケンスがある。

表 3.1　エスケープシーケンス

記述の仕方	表示される内容
\\	\
\'	'
\t	水平タブ
\n	改行

3.2.2　文 字 コ ー ド

Java 言語のプログラムでは，文字を文字コードとして表示することが可能である。つぎに例として，8 進数と 16 進数として扱う方法を記述する。

```
System.out.println("  ");
上記の " " の間に以下の記述を行うと文字を表示できる。
8 進数の文字コード： \xxx
16 進数の文字コード： \uxxxx
(x には任意の数値が入る)
```

プログラム 3-4 (CharacterCode.java)

```
01 class CharacterCode {
02     public static void main(String[] args){
03         System.out.println("8 進数表示：\101");
```

```
04          System.out.println("8 進数表示：\102");
05          System.out.println("8 進数表示：\103");
06          System.out.println("16 進数表示：\u0061");
07          System.out.println("16 進数表示：\u0062");
08          System.out.println("16 進数表示：\u0063");
09      }
10  }
```

実行結果 3-4

```
user@laptop:~$ javac CharacterCode.java
user@laptop:~$ java CharacterCode
8 進数表示：A
8 進数表示：B
8 進数表示：C
16 進数表示：a
16 進数表示：b
16 進数表示：c
```

プログラム 3-4 に示すように，文字コードは，8 進数または 16 進数で文字を管理している（**表 3.2**，**表 3.3**）。つまり数字を 1 足したり引いたりすると近傍の文字が表示されることが多い。

表 3.2　8 進数の文字コード表

記述の仕方	表示される内容
\101	A
\102	B
\103	C
\104	D

表 3.3　16 進数の文字コード表

記述の仕方	表示される内容
\u0041	A
\u0042	B
\u0061	a
\u0062	b

3.2.3　8 進数と 16 進数を用いた数字表記

文字コード以外の出力としては，8 進数や 16 進数を用いた数字の表示も存在する。プログラム内部での表記の仕方を以下に示す。

```
System.out.println();
```

`println()` の中に直接以下の形式で記述すると数字を表示できる（？ には任意の数値を入れればよい）。

・8 進数の数字（頭に 0 をつける）： 0??

・10 進数の数字（なにもつけない）：??

・16 進数の数字（頭に 0x をつける）：0x??

プログラム **3-5** (CharacterCode.java)

```
01 class CharacterCode {
02     public static void main(String[] args){
03         System.out.println("8 進数:" + 000);
04         System.out.println("8 進数:" + 010);
05         System.out.println("8 進数:" + 0100);
06         System.out.println("10 進数:" + 10);
07         System.out.println("10 進数:" + 100);
08         System.out.println("16 進数:" + 0x1);
09         System.out.println("16 進数:" + 0x10);
10         System.out.println("16 進数:" + 0xFF);
11     }
12 }
```

実行結果 **3-5**

```
user@laptop:~$ javac CharacterCode.java
user@laptop:~$ java CharacterCode
8 進数：0
8 進数：8
8 進数：64
10 進数：10
10 進数：100
16 進数：1
16 進数：16
16 進数：255
```

実行結果 3-5 のようにさまざまな出力の仕方がある。文字コードや数字の出力など似たような形式で書けるので間違えないように，きちんと覚えることが大切である。

アクティブラーニング 3.1

以下の文字や数字について，8 進数や 16 進数を用いて文字コードや数字の表示を行うためのプログラムコードを記述せよ。

文字 F を 8 進数表現で出力	
文字 F を 16 進数表現で出力	
8 進数の 200 を 10 進数で出力	
16 進数の F0 を 10 進数で出力	

コーヒーブレイク

Q 太：「あー !! 」
A 子：「Q 太，また何かやったの ?? 」
Q 太：「せっかく，うまく実行できていたプログラムが，ちょっと変更したら動かなくなっちゃったんだよ～」
A 子：「ファイルを別の名前で保存して，バックアップを取らなかったの？」
Q 太：「面倒だから上書きしちゃったよ。」
ハチ王子先生：「そういうことがあるから，うまく実行できたプログラムは，別名で保存しておくとよいぞ。」
Q 太：「あ，先生。今度からそうします…」

演　習　問　題

3.1　つぎの実行結果が出力されるように，プログラム 3-6 を完成させなさい。エスケープシーケンスを用いた水平タブや改行を用いなさい。

プログラム 3-6

```
1 class Ex31 {
2     public static void main(String[] args){
3         System.out.print(                    );
4         System.out.print(                    );
5         System.out.print(                    );
6         System.out.print(                    );
7     }
8 }
```

実行結果 3-6

```
Name        ID
Hachi       **
Ako         01
Qta         02
```

［3 行目の空欄に入るコード］

［4 行目の空欄に入るコード］

［5 行目の空欄に入るコード］

［6 行目の空欄に入るコード］

3.2 つぎの実行結果が出力されるように，プログラム 3-7 を完成させなさい。出力結果の1 行目は 8 進数表現を使用し，2 行目は 16 進数表現を用いること。

プログラム 3-7

```
1 class Ex32 {
2     public static void main(String[] args){
3         System.out.println(                    );
4         System.out.println(                    );
5     }
6 }
```

実行結果 3-7

```
8 進数表現：DEF
16 進数表現：def
```

［3 行目の空欄に入るコード］

［4 行目の空欄に入るコード］

3.3 つぎの実行結果が出力されるように，プログラム 3-8 を完成させなさい。出力には 8 進数による出力を用いること。

プログラム 3-8

```
1 class Ex33 {
2     public static void main(String[] args){
3         System.out.println(                    );
4         System.out.println(                    );
5         System.out.println(                    );
6     }
7 }
```

実行結果 3-8

```
8
64
512
```

［3 行目の空欄に入るコード］

［4 行目の空欄に入るコード］

［5 行目の空欄に入るコード］

3.4 つぎの実行結果が出力されるように，プログラム 3-9 を完成させなさい。出力には 16 進数による出力を用いること。

プログラム 3-9

```
1 class Ex34 {
2     public static void main(String[] args){
3         System.out.println(                    );
4         System.out.println(                    );
5         System.out.println(                    );
6     }
7 }
```

実行結果 3-9

```
16
256
4096
```

[3 行目の空欄に入るコード]

[4 行目の空欄に入るコード]

[5 行目の空欄に入るコード]

アクティブラーニング・演習問題の解答例のダウンロードについて

以下の Web ページからダウンロード可能である。

http://www.coronasha.co.jp/np/isbn/9784339024869/

（本書の書籍ページ。コロナ社のトップページから書名検索でもアクセスできる）

ダウンロードに必要なパスワードは「024869」。

4 変　　　　数

この章は，変数というプログラミングを行う際に基本となる概念に関して説明する。

変数は数学でも出てくる概念なのでイメージは容易であろう。ただし，プログラミングで扱う変数に入っているデータ（値）はメモリというコンピュータの記憶装置に記憶されている。変数を箱，データはその箱の中に入っている物と考えればイメージが容易になるであろう。最初に本章の全体のイメージをつかんでもらうために数学における変数 (**図 4.1**) と Java 言語における変数 (プログラム 4-1) の違いを示す。

数学で変数を使う場合

a = 1582

b = 6.2

図 4.1　数学における変数の一般的な使用方法

図 4.1 は変数 a に 1582，変数 b に 6.2 という値を代入している。これを Java 言語で記載するとプログラム 4-1 のようになる。

プログラム 4-1 (図 4.1 を Java 言語で書いた場合)

```
1 class Sample1 {
2     public static void main(String[] args) {
3         int a;
4         double b;
5         a = 1582;
6         b = 6.2;
7     }
8 }
```

a, b は**変数**と呼ばれる。3, 4 行目で**変数宣言**を行っており，5, 6 行目で**変数の初期化**を行っている。3〜6 行目の最後に「; (セミコロン)」があることにも注意してほしい。数学に比べると難解に思えるかもしれないが，Java 言語における変数に関する事柄について詳細に説明していく。

4.1 変数の型と変数宣言

図 4.1 とプログラム 4-1 の変数 a, b を例にとってみる。Java 言語では，数学のようにいきなり変数 a を使うことはできない。使う際には「変数を使用します」という宣言が必要になる。これを**変数宣言**といい，プログラム 4-1 の 3, 4 行目の「int a;」,「double b;」が変数宣言になる。int や double は**型**と呼ばれており，小数点以下の有無によって整数は int 型，実数は double 型を使う。変数には数字だけでなく文字も記憶することができる。文字は 2 バイト文字 (つまり 1 文字) として char 型を使う。

Java 言語で変数を使用するための手順を**図 4.2** を一例として考えていく。最初に，使いたい変数の名前を決める (ステップ 1)。この例の場合は test という変数名にしている。この変数名は以下のルールを守れば，自由に決めてよい。

- 大文字と小文字は区別される。
- 最初の文字は数字にしてはいけない。
- あらかじめ Java 言語で予約されているワードは使用不可（class や int など)。
- 特殊文字は使用不可。

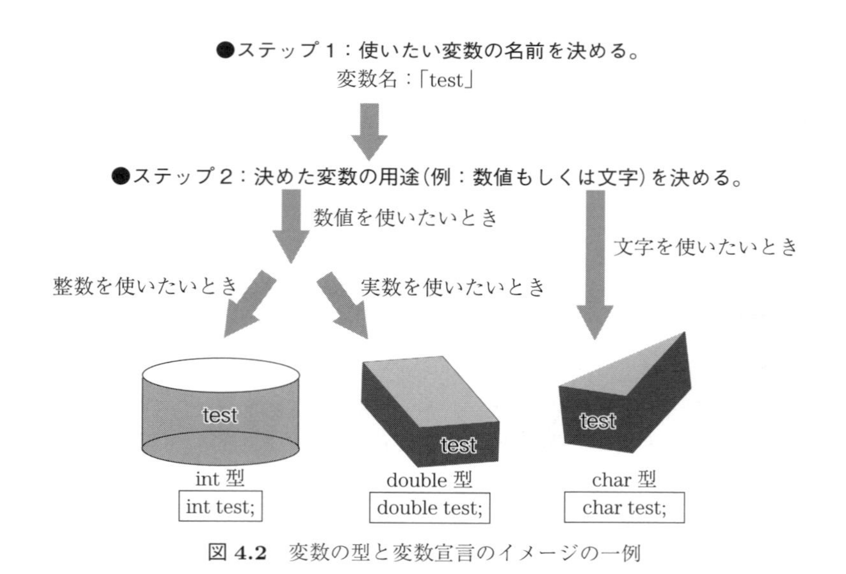

図 4.2　変数の型と変数宣言のイメージの一例

つぎの手順では，test という変数を数値として扱うのか，文字として扱うのか，といった使用方法を考える (ステップ 2)。例えば，整数を使いたいときは「int test;」，実数を使いたいときは「double test;」，2 バイト文字を使いたいときは「char test;」というように変数宣言をする。先に変数は箱でイメージするとよいと述べたが，図 4.2 のイメージ図のように型は箱の形状とイメージするとよい。例えばint型の箱に実数や文字を入れることはできないし，double型の箱には整数や文字を入れることはできない。箱には名前をつける必要があるが，その名前を**変数名**とイメージすればよい。変数宣言は図4.2の下の四角で囲んだ部分であるが，イメージとしては，箱を用意してその箱に名前をつけたと考えればよいだろう。もう一つ型の大事な決まりごととして，使用できる値の範囲が決まっている。例えばint型以外にも整数を使いたいときはbyte型などがあるが，byteは−128〜127の整数までしか扱えない。箱に入れることのできる数字の範囲が決まっているというイメージでもよいだろう。これらJava言語で使用される基本的な型の一覧を**表4.1**に示す。

表4.1 Java言語の基本型

型の名前	記憶できる値の範囲
boolean	true または false
char	2バイト文字
byte	1バイト整数 (−128〜127)
short	2バイト整数 (−32768〜32767)
int	4バイト整数 (−2147483648〜2147483647)
long	8バイト整数 (−9223372036854775808〜9223372036854775807)
float	4バイト単精度浮動小数点
double	8バイト倍精度浮動小数点

つぎのプログラム4-2ではint型，double型，char型でそれぞれ変数宣言を行いたい場合を考える。

プログラム4-2 (変数宣言の間違った使用法)

```
1 class InitializationError{
2     public static void main(String[] args) {
3         int a;
4         double a;
5         char a;
6     }
7 }
```

3〜5行目の記述に誤りがある。同じ変数名「a」を使用して変数宣言をしている点である。このように，原則として同一プログラム内で**同じ変数を用いて変数宣言を複数回行うことはできない**。例えば，4行目の変数名を「b」，5行目の変数名を「c」のように変更，つまり，4行目を「double b;」，5行目を「char c;」のように修正すればコンパイルエラーは発生しない。

4.2 変数の初期化と代入

プログラム 4-1 の 5, 6 行目は変数の初期化を行っていると述べた。初めて変数に値を格納することを初期化といい，通常変数宣言を行ったときに同時に行う。

プログラム 4-3 (変数の初期化と変数の出力)

```
1 class Initialization{
2     public static void main(String[] args) {
3         int x;
4         x = 10;
5         System.out.println(x);
6     }
7 }
```

プログラム 4-3 の 3 行目で変数宣言を行っており，4 行目で初期化を行っている。3, 4 行目の記述を 1 行にまとめて「int x = 10;」と記述してもよい。5 行目は変数 x に格納されている値を出力している。実行結果は以下のようになる。

実行結果 4-3

```
10
```

つぎにプログラム 4-4 のようなプログラムを考えてみる。03 行目で x と y の変数宣言を同時に行っている。このように一つにまとめて記述することも可能である。04, 05 行目で x, y の初期化を行っている。05 行目は x の値の 10 を y に代入しているともいえる。06 行目で x に 5 を代入している。06 行目は初期化とはいわない。04 行目の初期化 (1 回目の代入) に続いて 2 回目の代入を行っているためである。実行結果は以下のようになる。

プログラム 4-4 (二つの変数を用いた代入)

```
01 class Substitution{
02     public static void main(String[] args) {
03         int x, y;
04         x = 10;
05         y = x;
06         x = 5;
07         System.out.println(x);
08         System.out.println(y);
09     }
10 }
```

実行結果 4-4

```
5
10
```

ここでxの値が5，yの値が10と出力されていることに注意してほしい。**図4.3**の箱のイメージを用いてプログラム4-4のxとyの値に関して説明する。

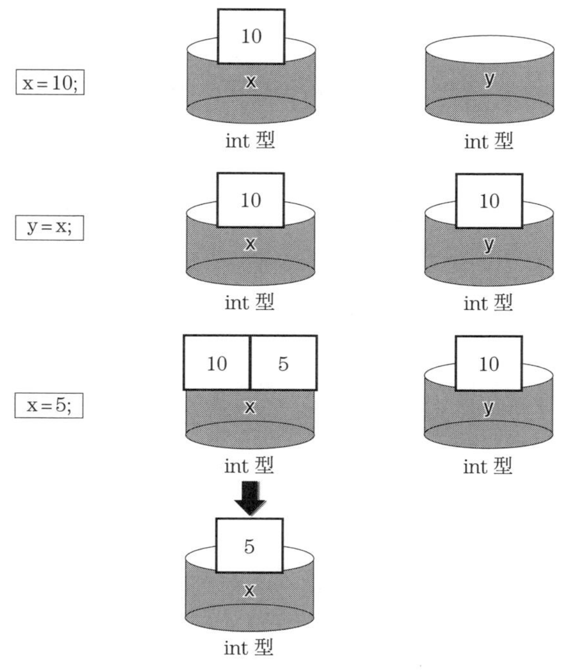

図4.3　変数への代入のイメージ

まず04行目の「x = 10;」で10という値がxの箱に入る。右辺の値を左辺にある箱に入れているとイメージするとよい。「y = x;」でxの箱に入っている10という値をyの箱に入れている。このとき，xの箱の中身が空っぽになるわけではなく10が入っているままであることに注意してほしい。つぎの「x = 5;」では5という値をxの箱に入れている。このときyの値は変化していないことに注意が必要である。また，xの箱には10と5の二つが入ることになるが，**箱の中に入ることのできる値は一つだけ，かつ，最新の値に更新される**というルールがあるため，xには5の値が入る。

ここまでの説明で**プログラミングの「=」は数学の左辺と右辺が等しいという等号の「=」とは違う**，ということがわかるであろう。この点は初学者が落ち入りやすいのでしっかりとおさえておく必要がある。この代入の概念は，「左辺 = 右辺」の形で表されるが，右辺の箱に入っている値を左辺の箱に入れる，というイメージを持つとよいであろう。右辺の値を左辺に書き換えている，と言い換えることもできよう。つまりプログラミングするときには「左辺 = 右辺」と書くがイメージとしては「左辺 ← 右辺」を持つとよいであろう。また別のいい方をすれば，左辺の変数の値のみ変更される，ともいえよう。プログラム4-4の場合，04〜

06 行目に「=」つまり代入があるが，04 行目では左辺の x，05 行目では左辺の y，06 行目では左辺の x が変更される，という見方もできる。数学でいうところの左辺と右辺が等しいという記号はプログラミングでは「==」となる (6.2 節で説明)。

アクティブラーニング 4.1

プログラム 4-5 の演算を行った場合の出力結果は，実行結果 4-5 のようになる。プログラム 4-5 の空欄を埋めよ。

プログラム 4-5 (アクティブラーニング)

```
1 class ActiveVar{
2     public static void main(String[] args) {
3         [    ] = 15.75;
4         char y = [    ]
5         System.out.println(x);
6         System.out.println(y);
7     }
8 }
```

実行結果 4-5

```
15.75
A
```

[3 行目の空欄に入るコード]

[4 行目の空欄に入るコード]

演　習　問　題

4.1　プログラム 4-6 があるとき，(1) 変数，(2) 型，(3) 変数宣言している行，(4) 変数を初期化している行を答えよ。

プログラム 4-6 (変数，型，変数宣言，初期化)

```
1 class Prac1{
2     public static void main(String[] args) {
3         int a;
4         a = 10;
5         a = 15;
6     }
7 }
```

(1) ______　(2) ______

(3) ______　(4) ______

4.2　プログラム 4-7 はコンパイルエラーになる。実行結果 4-7 のようになるようにプログラムを正しく修正せよ。

プログラム 4-7 (変数宣言に関する問題 1)

```
1 class Prac2
2 {
3     public static void main(String[] args) {
4         b = 19.28;
5         System.out.println(b);
6     }
7 }
```

実行結果 4-7

```
19.28
```

［解答欄］

4.3　プログラム 4-8〜4-10 があるとき，コンパイルエラーになるものを答えよ。またその理由も答えよ。

＜ヒント＞　プログラム 4-2 で説明した「同一プログラム内で同じ変数を用いて変数宣言を複数回行うことはできない」というルールの理解度を問う問題である。

プログラム 4-8 (変数宣言に関する問題 2)

```
1 class Prac3a
2 {
3     public static void main(String[] args) {
4         int x;
5         int x = 57;
6     }
7 }
```

プログラム 4-9 (変数宣言に関する問題 3)

```
1 class Prac3b
2 {
3     public static void main(String[] args) {
4         double x;
```

```
5         int x = 57;
6     }
7 }
```

プログラム **4-10** (変数宣言に関する問題 4)

```
1 class Prac3c
2 {
3     public static void main(String[] args) {
4         int x;
5         x = 57;
6     }
7 }
```

［コンパイルエラーになるもの］

［理由］

4.4　プログラム 4-11 は変数宣言と初期化を別々の行で行っている。1 行にまとめて書け。

プログラム **4-11** (変数宣言と初期化の 1 行表記)

```
1 class Prac4
2 {
3     public static void main(String[] args) {
4         int y;
5         y = 239;
6     }
7 }
```

［解答欄］

4.5　プログラム 4-12 を実行したときの出力結果を示せ。

プログラム **4-12** (int 型の出力)

```
1 class Prac5
2 {
3     public static void main(String[] args) {
4         int x = 57;
5         System.out.println(x);
6     }
7 }
```

［出力結果］ ▭

4.6　プログラム 4-13 を実行したときの出力結果を示せ。

プログラム 4-13 (double 型の出力)

```
1 class Prac6
2 {
3     public static void main(String[] args) {
4         double z = 3.594;
5         System.out.println(z);
6     }
7 }
```

［出力結果］ ▭

4.7　プログラム 4-14 を実行したときの出力結果を示せ。

プログラム 4-14 (char 型の出力)

```
1 class Prac7
2 {
3     public static void main(String[] args) {
4         char a = 'b';
5         System.out.println(a);
6     }
7 }
```

［出力結果］ ▭

4.8　プログラム 4-15 を実行したとき，実行結果 4-15 のような出力結果を得た。4～6 行目の空欄を埋めよ。

プログラム 4-15 (初期値の入れ方)

```
1 class Prac8
2 {
3     public static void main(String[] args) {
4         int x = ▭
5         double y = ▭
6         char z = ▭
7         System.out.println(x + "\n" + y + "\n" + z);
8     }
9 }
```

実行結果 4-15

```
111
11.1
A
```

［4 行目の空欄に入るコード］

［5 行目の空欄に入るコード］

［6 行目の空欄に入るコード］

4.9　プログラム 4-16 を実行したときの出力結果を示せ。

＜ヒント＞　プログラム 4-4 で説明した「変数の箱の中に入ることのできる値は一つだけ，かつ，最新の値に更新される（箱は理解を助けるためのイメージ）」というルールの理解度を問う問題である。

プログラム 4-16 (変数の値の変更 1)

```
01 class Prac9
02 {
03     public static void main(String[] args) {
04         int x;
05         x = 16;
06         System.out.println(x);
07         x = 0;
08         System.out.println(x);
09         x = 3;
10         System.out.println(x);
11     }
12 }
```

［出力結果］

4.10　プログラム 4-17 を実行したときの出力結果を示せ。

＜ヒント＞　プログラム 4-4 と同様の問題である。

プログラム 4-17 (変数の値の変更 2)

```
01 class Prac10
02 {
03     public static void main(String[] args) {
04         int x = 5;
05         int y;
06         y = x;
07         x = 2;
08         System.out.println(x);
09         System.out.println(y);
10     }
11 }
```

［出力結果］

5 演　　算

この章では，変数を用いた式に関して説明する。式は**演算子**と**オペランド**を用いて表現する。演算子というのは，＋や－などの計算 (演算) をするための記号のことであり，オペランドとは演算の対象のことである。例えば「2＋3」という式があったとき，演算子は＋でオペランドは 2 と 3 である。これらの概念は一見すると数学と同じように見えるが，プログラミング特有の表現があるためできるだけ数学と比較しながら説明していく。

5.1 演算子と式

5.1.1 基本的な演算子と式

まずプログラム 5-1 を考える。実行結果 5-1 を見てわかるように，5＋9 の計算 (加算) を行っているプログラムである。

プログラム 5-1 (加算の例)

```
1 class Addition1{
2     public static void main(String[] args) {
3         System.out.println(5+9);
4     }
5 }
```

実行結果 5-1

```
14
```

表 5.1 に代表的な演算子を示す。特に乗算「*」や剰余「%」などは数学と異なる記号であるため注意が必要である。

表 5.1　演算子の種類

記　号	名　前
＋	加算
－	減算
*	乗算
/	除算
%	剰余
++	インクリメント
－－	デクリメント

今度は，表 5.1 の演算子と変数を用いてプログラム 5-2 のようなプログラムを考えてみる。

プログラム 5-2 (二つの変数を用いた代入)

```
01 class Calc{
02     public static void main(String[] args) {
03         int x, y;
04         x = 5;
05         y = 2;
06         System.out.println(x+y);
07         System.out.println(x-y);
08         System.out.println(x*y);
09         System.out.println(x/y);
10         System.out.println(x%y);
11     }
12 }
```

実行結果 5-2

```
7
3
10
2
1
```

04, 05 行目において x と y の初期化を行っている。06〜10 行目はそれぞれの演算を行っているのであるが，特に注意すべきは 09 行目の除算である。09 行目は「5 ÷ 2」の結果を表示しているが，出力結果は「2.5」ではなく「2」となっている。03 行目において x, y の変数はそれぞれ int 型で宣言しているため出力結果は整数となる。この際，数学のように四捨五入して「3」と出力されずに切り捨てて「2」と出力されている。つまり Java 言語において**整数表記する際は，小数点以下はすべて切り捨て**られる。

つぎに別の例をプログラム 5-3 に示す。

プログラム 5-3 (加算の例)

```
1 class Addition2{
2     public static void main(String[] args) {
3         double x;
4         x = 2.3;
5         x = x + 1.7;
6         System.out.println(x);
7     }
8 }
```

実行結果 5-3

```
4.0
```

変数 x は double 型で宣言されていることに注意してほしい。5 行目において「x = x + 1.7;」を行っている。この式は数学ならば x を消去して「0 = 1.7」となり式として不成立であるが，プログラミングの演算においてはこのような形式はしばしば登場する。**図 5.1** に 5 行目の演算のイメージを示す。まず 4 行目の初期化で x の箱には「2.3」が入っている。プログラミングの演算においては，まず右辺から計算を行う (ステップ 1)。いま x の箱の中は「2.3」であり，これに「1.7」を加算しているため計算結果は「4.0」となる。「4」ではなく「4.0」になることに注意が必要である。プログラミングでは「4」は int 型の変数に入る値であり,「4.0」は double 型の変数に入る値である。プログラム 5-3 の x は double 型で宣言しているため「4.0」となる。この計算結果を左辺の x に代入すると (ステップ 2)，x の箱の中には「2.3」と「4.0」が二つ入ることになってしまうが，**箱の中に入ることのできる値は一つだけ，かつ，最新の値に更新される**というルールのため「4.0」になる。つまり，前章で述べたように,「=」という記号は，数学では等しいという意味であるが**プログラミングでは代入**という意味になる。

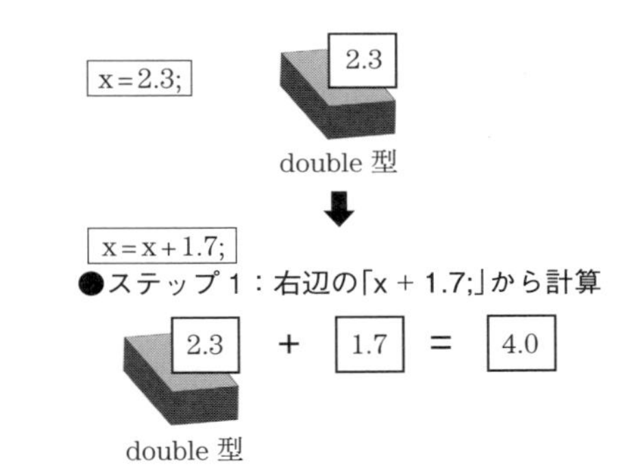

●ステップ 2：ステップ 1 で計算した値(この場合 4.0)を左辺の x に代入

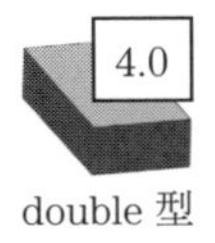

図 **5.1**　x = x + 1.7; のイメージ

5.1.2 インクリメント・デクリメント演算子

今度は，表 5.1 のインクリメント・デクリメント演算子を用いて，プログラム 5-4 のような例を考えてみる。

プログラム **5-4** (インクリメント・デクリメント演算子)

```
01 class IncreDecre{
02     public static void main(String[] args) {
03         int x, y;
04         x = 1;
```

```
05         y = 1;
06         x++;
07         y--;
08         System.out.println(x);
09         System.out.println(y);
10     }
11 }
```

実行結果 5-4

```
2
0
```

04, 05 行目で変数 x, y の初期値をそれぞれ 1 に設定している。06 行目でインクリメント演算子，07 行目でデクリメント演算子を使用している。実行結果 5-4 をみると，インクリメント演算子は値が 1 増えており，デクリメント演算子は値が 1 減っている。つまり，06 行目は「x = x + 1;」，07 行目は「y = y − 1;」と同じ演算を行っていることになる。なお，04 行目を「++x;」，05 行目を「−−y;」と変更 (前置) しても実行結果は変わらない。前置，後置は演算子が変数の前にあるか後ろにあるかの違いである。しかし，つぎに示すようなインクリメント・デクリメント演算子の前置と後置に関するプログラム 5-5 と 5-6 のような場合は結果が変わってくる。

プログラム 5-5 (前置インクリメント演算子)

```
01 class Incre1{
02     public static void main(String[] args) {
03         int x, y;
04         x = 0;
05         y = 0;
06         y = ++x;
07         System.out.println(x);
08         System.out.println(y);
09     }
10 }
```

実行結果 5-5

```
1
1
```

プログラム 5-6 (後置インクリメント演算子)

```
01 class Incre1{
02     public static void main(String[] args) {
03         int x, y;
04         x = 0;
```

```
05        y = 0;
06        y = x++;
07        System.out.println(x);
08        System.out.println(y);
09    }
10 }
```

実行結果 5-6

```
1
0
```

プログラム 5-5 とプログラム 5-6 の違いは 06 行目の「y = ++x;」(前置インクリメント演算子) と「y = x++;」(後置インクリメント演算子) のみである。この演算は一見すると一つの演算を行っているように見えるが，じつは「y = x;」と「++x; もしくは x++;(どちらも同じ。x の値を 1 増やす)」という二つの演算を行っている。「y = ++x;」と「y = x++;」の違いは二つの演算の順番が異なるという違いである。**図 5.2** に前置と後置の違いを示す。図 5.2 はプログラム 5-5 とプログラム 5-6 にならい，x, y の初期値を 0 として考えている。「y = ++x;」は前置インクリメントと名前のあるように，まずは x の値を 1 増やし，その後に y に x の値を代入する。そのため x も y も出力結果は「1」となる。一方，後置インクリメント「y = x++;」は，前置インクリメントと逆に，まずは y に x の値を代入してから x の値を 1 増やしている。そのため出力結果も x が「1」，y が「0」となる。

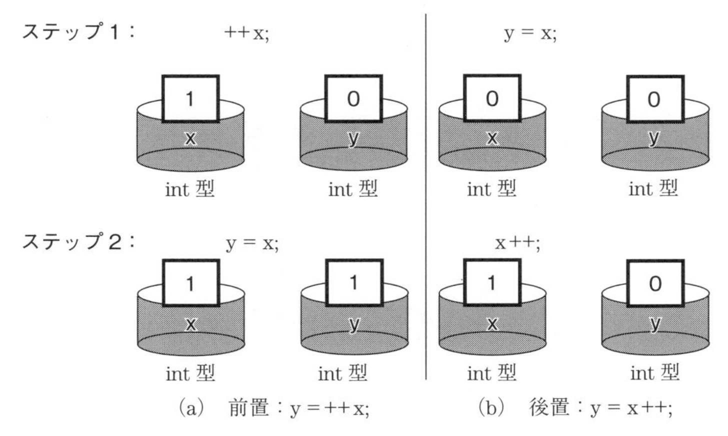

図 5.2　インクリメント演算子の前置と後置の違い

5.1.3 代 入 演 算 子

つぎに代入演算子というものを学んでいく。**表 5.2** に代表的な代入演算子を示す。すべて右側に「=」という記号があることに注意せよ。

表 5.2　代入演算子の種類

記　号	名　前
+=	加算代入
−=	減算代入
*=	乗算代入
/=	除算代入
%=	剰余代入

代入演算子は表 5.1 で示した演算子を用いて表すことができる。**表 5.3** に変数 x と y を用いた場合の一例を示す。表 5.3 の左右で同じ意味になる。

表 5.3　代入演算子と演算子の対応例

代入演算子を用いた場合	表 5.1 の演算子を用いた場合
y += x;	y = y + x;
y −= x;	y = y − x;
y *= x;	y = y * x;
y /= x;	y = y / x;
y %= x;	y = y % x;

5.2　演算子の優先順位

数学の演算子のように，Java 言語においても演算子の優先順位がある。以下のプログラム 5-7 を例にとってみる。

プログラム 5-7 (演算子の優先順位)

```
01 class Priority{
02     public static void main(String[] args) {
03         int x, y, z;
04         x = 5;
05         y = x + 2 * 3;
06         z = (x + 2) * 3;
07         System.out.println(y);
08         System.out.println(z);
09     }
10 }
```

実行結果 5-7

```
11
21
```

y と z の値を出力するプログラムである。05 行目と 06 行目でそれぞれ演算を行っているが違いは「x + 2」と「(x + 2)」のみである。y は「2 ∗ 3」を先に行ってから x の値を足している。z は「x + 2」を先に行ってから 3 倍している。数学と同じく乗算が加算よりも優先されていることがわかる。優先度の低い加算を優先させたいときは,「( )」で囲む。これらは数学と同じであるため直感的イメージが簡単であろう。表 5.1 で紹介した四則演算子と「( )」の優先順位を下記にまとめる。左ほど優先順位が高い。

```
() ⟵ * / % ⟵ + -
```

*, /, % の三つは同じ優先順位であり，+, − の二つも同様に同じ優先順位である。**同じ優先順位の演算を行うときは，左側の演算から行う**。これは数学と同じである。先に行いたい計算には「( )」をつけると間違いの少ないプログラムになる。

5.3 文字列の連結

+演算子は加算とは別に，文字列と文字列を連結する演算子というまったく別の機能がある。まずはつぎのプログラム 5-8 を見てみる。

プログラム 5-8 (文字列どうしの連結 1)

```
1 class Connection1{
2     public static void main(String[] args) {
3         System.out.println("ごきげん"+"よう");
4     }
5 }
```

実行結果は以下のようになる。

実行結果 5-8

```
ごきげんよう
```

このように，+演算子を用いて文字列を連結することができる。別例として，つぎのプログラム 5-9 を見てみる。

プログラム 5-9 (文字列どうしの連結 2)

```
1 class Connection2{
2     public static void main(String[] args) {
3         System.out.println("157"+5);
4     }
5 }
```

「"157"」は「""」がついているため数字ではなく文字列である。「5」は何もついていないため数字である。この場合実行結果は以下のようになる。

実行結果 5-9

```
1575
```

これは 3 行目を「System.out.println("157" + "5");」としても同じ実行結果になる。単なる加算である 162 にならないことに注意してほしい。つまり,「数値 + 数値」は加算となり,「数値 + 文字列」,「文字列 + 数値」,「文字列 + 文字列」の場合は文字列になる。実行画面上では数値として表示されるが,これらは文字列であることに注意が必要である。つまり,**プログラミングでは実行画面上ではまったく同じ数値に見えても,数値と文字 (文字列) はまったく別もの**であるということをしっかりと覚えておかなければならない。プログラム 5-9 の場合だと「1575」という数値ではなく「"1575"」という文字列になっている。四則演算を行いたいときは文字列として扱うと演算ができないため,数値として扱う必要がある。

さらに,つぎのような+演算子が複数ある場合は注意が必要である。

プログラム 5-10 (複数の+演算子がある場合)

```
1 class Connection3{
2     public static void main(String[] args) {
3         System.out.println(80+"7"+"点");    数値 + 文字列 + 文字列
4         System.out.println("80"+7+"点");    文字列 + 数値 + 文字列
5         System.out.println(80+7+"点");      数値 + 数値 + 文字列
6     }
7 }
```

実行結果 5-10

```
807 点
807 点
87 点
```

3, 4 行目は文字列の連結になっているが,5 行目は「80 + 7」の加算が行われていることに注意してほしい。考え方であるが,**+演算子が複数ある場合左側から順番に評価**していけばよい。3, 4 行目は「80 + "7"」「"80" + 7」を最初に評価する。プログラム 5-9 で述べたように「数値 + 文字列」,「文字列 + 数値」は文字列の連結となるので「807 ("807"という文字列) 」となる。つぎに「"807" + "点"」という「文字列 + 文字列」を評価することになるので文字連結となる。一方,5 行目は「80 + 7」をまず評価する。これは「数値 + 数値」なので「87」となる。つぎに「87 + "点"」という「数値 + 文字列」を評価することになるので文字連結となる。最後にプログラム 5-11 に四則演算子と+演算子の関係を示す。

プログラム 5-11 (四則演算子と+演算子)

```
01 class Connection4{
02     public static void main(String[] args) {
03         int x = 10;
04         int y =  3;
05         System.out.println("x+y="+x+y);
06         System.out.println("x-y="+(x-y));
07         System.out.println("x*y="+x*y);
08         System.out.println("x/y="+x/y);
09         System.out.println("x%y="+x%y);
10     }
11 }
```

実行結果 5-11

```
x+y=103
x-y=7
x*y=30
x/y=3
x%y=1
```

加算のみ文字列の連結となっている。加算しようとするならば05行目を「System.out.println(”x+y=”+(x+y));」と変更すればよい。「( )」があるとまず「( )」から優先的に評価されるためである。07, 08, 09 行目の「*, /, %」は+演算子より優先順位が高いため，乗算，除算，剰余から計算が行われた後に文字列連結が行われる。06 行目の減算は，+, − の優先順位は同じであるため,「System.out.println(”x−y=”+x−y);」と記述するとコンパイルエラーとなってしまうことに注意してほしい。+, − は同じ優先順位の演算子のため，左側から評価していく。つまり,「”x−y=”+x」から評価するが，これは「文字列 + 数値 (x の数値 10)」であるため「文字列 + 文字列」となり,「”x−y=10”」という文字列になる。このつぎに「”x−y=10”−y」という「文字列 − 数値 (y の数値 3)」を評価することになる。文字列から数値を減算することはできないためコンパイルエラーとなる。「x−y」の減算を目的とするため，この部分の演算を優先する「( )」をつけて「”x−y=”+(x−y)」としたわけである。

アクティブラーニング 5.1

プログラム 5-12 の演算を行った場合の出力結果はどうなるか答えよ。

プログラム 5-12 (加算と文字列連結)

```
01 class ActiveConnect{
02     public static void main(String[] args) {
03        System.out.println("10");
04        System.out.println(10);
05        System.out.println("10"+10);
```

```
06        System.out.println("10"+20+30);
07        System.out.println("10"+(20+30));
08        System.out.println(10+20+30);
09        System.out.println(10+"20"+30);
10        System.out.println("10+20+30");
11    }
12 }
```

5.4 型　変　換

最後に型変換（キャスト）を紹介する。まずはつぎのプログラム 5-13 を見てみる。

プログラム 5-13 (double 型に int 型を代入)

```
1 class IntToDouble{
2     public static void main(String[] args) {
3         int x = 7;
4         double y;
5         y = x;
6         System.out.println(y);
7     }
8 }
```

実行結果 5-13

```
7.0
```

3 行目で変数 x の変数宣言と初期化を同時に行っており，4 行目で変数 y を double 型で変数宣言している。5 行目で double 型の変数 y に int 型の変数 x の値を代入している。double 型の y を出力させているので，出力結果は「7」ではなく「7.0」になる。このように，違う型どうしの式を用いて 5 行目のような操作を行っていることを**型変換** (**キャスト**) と呼ぶ。つぎの例（プログラム 5-14）を見てみる。

プログラム **5-14** (int 型に double 型を代入)

```
1 class DoubleToInt{
2     public static void main(String[] args) {
3         double x = 7.7;
4         int y;
5         y = x;
6         System.out.println(y);
7     }
8 }
```

このプログラムの場合は先ほどのプログラム 5-13 と異なりコンパイルができない。これは，int 型の変数の値を double 型の変数に代入することはできるが，double 型の変数の値を int 型の変数に代入することはできない，ということになる。一般化して述べると，Java 言語では型のサイズが小さい変数を型のサイズが大きい変数に代入はできるが，逆はそのままでは代入できない。詳しくは表 4.1 に掲載した型のサイズ (バイト数) の違いを参照してほしい。大きい型サイズの変数を小さい型サイズの変数に代入するためには，**代入される（つまり左辺の）変数と同じ型を書く**，ということをすればよい。

```
小さい型サイズの変数 = (使いたい型) 式
```

具体的にはプログラム 5-14 の 5 行目を「y = (int)x;」とすればよい。この場合もプログラム 5-13 の 5 行目と同様に型変換と呼ぶ。この場合の実行結果はつぎのようになる。「7.7」の小数部分が切り捨てられて「7」になっていることに注意してほしい。

実行結果 5-14

```
7
```

つぎのプログラム 5-15 は円周を求めるプログラムである。

プログラム **5-15** (double 型と int 型の積 (円周を求めるプログラム))

```
1 class Circumference{
2     public static void main(String[] args) {
3         double pai = 3.14;          ← 円周率
4         int rad = 1;                ← 半径
5         System.out.println(2*pai*rad);  ← 円周を求める。
6     }
7 }
```

実行結果 5-15

```
6.28
```

5 行目で半径 rad と円周率 pai を用いて円周を求めている。ここで注意すべきは rad は int 型，pai は double 型と異なる型どうしの積を計算している点である。実行結果を見て明らかなように，この場合は型サイズの大きなdouble型の出力結果となる。これは積だけでなく，一般的に演算する場合は型サイズの大きなほうに統一されて計算される。

アクティブラーニング 5.2

以下の演算を行った場合の出力結果はどうなるか答えよ。

(1) (double)3/(double)2	
(2) (double)3/2	
(3) 3/(double)2	
(4) (double)(3/2)	

演 習 問 題

5.1　プログラム 5-16 において，(＊＊＊) 部分が (1)～(10) のときの実行結果を書け。
<ヒント>　(4) は「整数表記する際は，小数点以下はすべて切り捨て」というルールの理解度確認問題。

プログラム 5-16 (基本的な演算)

```
1 class Prac1{
2     public static void main(String[] args) {
3           (＊＊＊)
4     }
5 }
```

(1) System.out.println(1+20);

(2) System.out.println(1−20);

(3) System.out.println(1*20);

(4) System.out.println(1/20);

(5) System.out.println(1%20);

(6) System.out.println(3.0+1.5);

(7) System.out.println(3.0−1.5);

(8) System.out.println(3.0*1.5);

(9) System.out.println(3.0/1.5);

(10) System.out.println(3.0%1.5);

5.2　プログラム 5-17 において，(＊＊＊) 部分が (1)，(2) のときの実行結果を書け。

プログラム 5-17 (変数を使用した基本的な演算)

```
01 class Prac2{
02     public static void main(String[] args) {
03           (＊＊＊)
04         System.out.println(x+y);
05         System.out.println(x-y);
06         System.out.println(x*y);
07         System.out.println(x/y);
08         System.out.println(x%y);
09     }
10 }
```

(1)　int x = 3;
　　int y = 5;

(2)　double x = 9.0;
　　double y = 2.0;

5.3　プログラム 5-18 がある。(＊＊＊) 部分が (1)，(2) のときの実行結果を書け。
<ヒント>　代入は左辺の変数の値のみが変わる（右辺の値を左辺に入れる）ことに注意。

プログラム 5-18 (演算の優先順位)

```
1 class Prac3{
2     public static void main(String[] args) {
3         int x,y,z;
4           (＊＊＊)
5         System.out.println(x);
6         System.out.println(y);
7         System.out.println(z);
8     }
9 }
```

(1)　x = 3;
　　y = 2;
　　z = x+2*y;

(2) x = 3;
y = 2;
z = 10;
y = x;
z = x+2*y%3;

5.4 プログラム 5-19 において，(＊＊＊) 部分が (1)〜(10) のときの実行結果を書け。

＜ヒント＞ 表 5.1，表 5.2，表 5.3 を参照し，インクリメント (++)，デクリメント (−−)，代入演算子を参考にせよ。

プログラム 5-19 (インクリメント，デクリメント，代入演算子　変数一つの場合)

```
1 class Prac4{
2     public static void main(String[] args) {
3         int x;
4           (＊＊＊)
5         System.out.println(x);
6     }
7 }
```

(1) x = 0;
x++;

(2) x = 0;
++x;

(3) x = 0;
x−−;

(4) x = 0;
−−x;

(5) x = 0;
x = x + 1;

(6) x = 0;
x += 1;

(7) x = 0;
x −= 1;

(8) x = 3;
x /= 3;

(9) x = 1;
x *= 3;

(10) x = 1;
x %= 3;

5.5 プログラム 5-20 において，(＊＊＊) 部分が (1)～(5) のときの実行結果を書け。
＜ヒント＞ (2)，(3) は本文中のプログラム 5-5 とプログラム 5-6，図 5.2 を参考にせよ。

プログラム 5-20 (インクリメント，代入演算子　変数二つの場合)

```
1 class Prac5{
2     public static void main(String[] args) {
3         int x,y;
4           (＊＊＊)
5         System.out.println(x);
6         System.out.println(y);
7     }
8 }
```

(1) x = 1;
y = 0;
y += x;

(2) x = 1;
y = 0;
y = ++x;

(3) x = 1;
y = 0;
y = x++;

(4) x = 5;
y = 22;
y /= x;

(5) x = 5;
y = 22;
y −= x;

5.6 プログラム 5-21 を実行したときの出力結果を示せ。

プログラム 5-21 (文字連結と変数)

```
1 class Prac6
2 {
3     public static void main(String[] args) {
```

```
4         int a = 5;
5         System.out.println("a="+a);
6     }
7 }
```

［出力結果］

5.7 プログラム 5-22 はコンパイルエラーになる。エラーになる行を示せ。また実行結果 5-22 になるようにするには，どこをどのように修正すればよいか答えよ。

＜ヒント＞ プログラム 5-11 の理解度把握問題。

プログラム 5-22 (文字連結と演算)

```
1 class Prac7
2 {
3     public static void main(String[] args) {
4         int x = 7;
5         int y = 11;
6         System.out.println("x+y="+x+y);
7         System.out.println("x-y="+x-y);
8     }
9 }
```

実行結果 5-22

```
x+y=18
x-y=-4
```

［コンパイルエラーになる行］

［修正点］

5.8 プログラム 5-23 がある。(＊＊＊) 部分が (1)，(2) のときコンパイルエラーになるプログラムはどちらか。またエラーになる理由を述べよ。さらにコンパイルエラーにならないプログラムの実行結果を書け。

＜ヒント＞ プログラム 5-13，プログラム 5-14 を参照せよ。

プログラム 5-23 (異なる型への代入)

```
1 class Prac8
2 {
3     public static void main(String[] args) {
4             (＊＊＊)
5         System.out.println(x);
6         System.out.println(y);
7     }
```

```
8 }
```

(1) double x = 1.5;
int y = 6;
y = x;

(2) int x = 2;
double y = 8.2;
y = x;

［コンパイルエラーになるプログラム］

［理由］

［実行結果］

5.9 前問のプログラム 5-23 の (1)，(2) においてコンパイルエラーのあったプログラムについて型変換を行うことによってエラーを対処することを考える。「y=x;」の部分を「int 型」に型変換せよ。また処理後の実行結果を示せ。

［型変換］

［実行結果］

5.10 プログラム 5-24 を実行したときの出力結果を示せ。

プログラム 5-24 (同じ型どうし，異なる型どうしの演算)

```
01 class Prac10
02 {
03    public static void main(String[] args) {
04         int x, y;
05         double z;
06         x = 10;
07         y = 4;
08         z = 4;
09         System.out.println(x/y);
10         System.out.println(x/z);
11    }
12 }
```

［出力結果］

5.11　プログラム 5-25 を実行したとき，以下のような実行結果を得た。文字連結演算子や変数を用いて空欄を埋めよ。

プログラム **5-25** (応用編，複合問題 1)

```
1 class Prac11
2 {
3     public static void main(String[] args) {
4         char a = 'b';
5         System.out.println(［　　　　］);
6     }
7 }
```

実行結果 **5-25**

```
a の値は b です。
```

［5 行目の空欄に入るコード］

5.12　プログラム 5-26 を実行したときの出力結果を示せ。

プログラム **5-26** (応用編，複合問題 2)

```
01 class Prac12
02 {
03     public static void main(String[] args) {
04         double x, y;
05         x = 6.45;
06         y = 7.94;
07         y = x;
08 //         x = 6.63;
09         x = 6.72;
10         System.out.println("x="+(int)x);
11         System.out.println("y="+y);
12     }
13 }
```

［出力結果］

6 条　件　文

これまでの章では，Java 言語の初歩である変数の宣言とその演算方法について学んだ。この章では，変数を条件に従って処理をする方法について学ぶ。

6.1 条件文とは

条件文 (conditional statement) とは，与えられた条件を満足するかどうかを調べ，その結果に従ってつぎに実行する命令を選択するプログラムの文である。条件文を用いれば，実行するプログラムを分岐できる。

条件文は**図 6.1** のような場合に使用される。

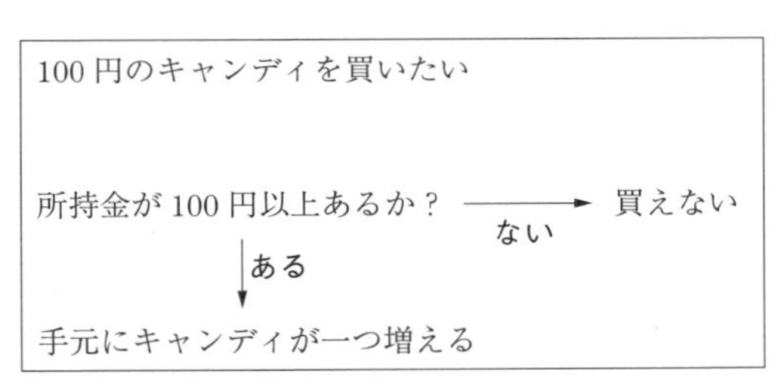

図 6.1　条件の概略

図ではキャンディを買えるかどうか判断するために，所持金の確認を行っている。所持金が money という int 型の変数に円単位で格納されていたとすると，money の値が 100 以上か未満かで，キャンディが買えるかどうかが決まる。

Java 言語では,「money の値が 100 以上であるか」のようなものを**条件** (condition) と呼ぶ。条件は式で表され，この式が評価される。式が評価された結果は，条件が満たされて「100 以上である」となるか，条件が満たされずに「100 以上ではない」となるかのどちらかである。条件が満たされた場合の評価の値を Java では**真** (true) と呼び，条件が満たされなかった場合の評価の値を**偽** (false) と呼ぶ。4.2 節で，boolean 型の変数について学んだが，boolean 型の変数は，真か偽のどちらかの値のみを取る。よって，条件を評価した値は boolean 型である。

6.2 関係演算子

条件式を表すために，Java 言語では**関係演算子** (relational operator) が使用される。Java 言語で使用される関係演算子を**表 6.1** に示す。

表 6.1　関係演算子

演算子	意　味
==	左辺が右辺に等しい
!=	左辺が右辺に等しくない
>	左辺が右辺より大きい
>=	左辺が右辺より大きいか等しい
<	左辺が右辺より小さい
<=	左辺が右辺より小さいか等しい

算数や数学で「≧」や「≦」の記号を目にしたことがあるであろう。「≧」は「大なりイコール」,「≦」は「小なりイコール」と日本では非公式に呼ばれている。英語では，それぞれ「greater than or equal to」と「less than or equal to」である。Java 言語においてもこれらの記号を使用したいのだが，英語キーボード上にはこれらの記号に対応するキーは存在しない。そこで,「≧」は「>=」のように,「≦」は「<=」のように記述するのである。「=>」のように等号が先ではないので注意してほしい。

同じく，算数や数学で「≠」の記号は「左辺が右辺に等しくない」ことを意味する。英語では「not equal to」である。この記号も英語キーボード上には対応するキーが存在しない。そこで,「≠」に記号が似ている「!=」が使用されている。読者の中には,「/=」のほうが「≠」により近いと思った人もいるであろう。Java 言語では,「/=」は除算代入という用途に使用されていたことを思い出してほしい。5.1.3 項に記載されている。

さらに注意してほしいのが等号である。算数や数学で「=」の記号は等号を意味し,「左辺が右辺に等しい」場合に用いられる。英語では「equals」である。しかしながら，Java 言語では「=」は代入演算子として使用されていたことを思い出してほしい。こちらについても 5.1.3 項に記載されている。そこで,「=」の代わりに「==」が等号として使用されている。「=」を「==」の代わりに誤って使用した場合，エラーが出ずにコンパイルできてしまい実行できてしまうことがある。しかし，そのプログラムは意図した通りには動作せず，不具合が発生する。「=」と「==」は別の記号であることを意識してコードを記述してほしい。

また,「==」「!=」「>=」「<=」は 2 連続した文字で一つの意味を持つため，文字と文字の間に空白 (スペース) を入れてはいけない。

○　x==y;

○　x == y;

×　x = = y;

6.3 if 文

条件文にはいくつかの書き方がある。本節では，最も基本的な **if 文** (if statement) を紹介する。

図 6.2 に示すように，if 文では条件分岐したい部分に「if」と記述する。そして「if」に続く「(　)」内に条件を記述する。この条件が満たされた場合には，続く「{　}」の間に記述された文が実行される。なお，“条件が満たされる”とは，条件の式を評価した結果が真 (true) になるということである。

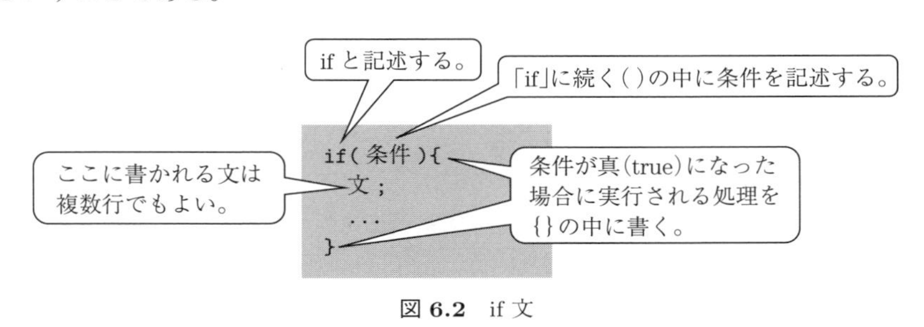

図 **6.2**　if 文

if 文を使用したプログラムの例をプログラム 6-1 に示す。先ほどのキャンディの話を if 文にしてみた。

プログラム 6-1 (if 文の例 (IfSample.java))

```
01 class IfSample {
02     public static void main(String[] args) {
03         int money = 120;
04         int numberOfCandies = 0;
05 
06         if(money >= 100) {
07             numberOfCandies++;
08         }
09     }
10 }
```

変数 money に 120 が代入されている。
最初に持っているキャンディは 0 個である。
もし，money が 100 以上であれば
キャンディの数が 1 増える。
「++」の意味がわからない人は 5.1.2 項参照。

03 行目で所持金を表す変数 money に 120 を代入している。所持金が 120 円であるという意味である。このとき，キャンディを持っていないので，04 行目でキャンディの所持数を表す変数 numberOfCandies に 0 を代入した。06 行目で所持金が 100 円以上であるかどうか条件を判断している。「money >= 100」という式の値が真 (true) であればこの条件は満たされる。このとき，money の値は 120 であるので，この式は満たされ，続く「{　}」の間に書かれた「numberOfCandies++;」という命令が実行される。

07 行目には文が一つしかない。このような場合にはこの文を囲む「{　}」を省略することも可能である。その場合にはプログラム 6-2 のような記述になる。

プログラム 6-2 (if 文の中括弧を省略する場合 (IfSample.java))

```
06        if(money >= 100)
07            numberOfCandies++;
08
```

この部分の中括弧がなくなった。

しかしながら，if 文における中括弧の省略は，極力やめたほうがよいとアドバイスをしておく。プログラム 6-3 を見てほしい。

プログラム 6-3 (if 文の中括弧を省略した失敗例 (IfSample.java))

```
06        if(money >= 100)
07            numberOfCandies++;
08            System.out.println("hello");
```

このコードは誤っている。この場合，本来のコードはプログラム 6-4 と 6-5 の 2 通り推測される。

プログラム 6-4 (if 文の中括弧を省略した失敗例の元コード 1(IfSample.java))

```
06        if(money >= 100) {
07            numberOfCandies++;
08            System.out.println("hello");
09        }
```

プログラム 6-5 (if 文の中括弧を省略した失敗例の元コード 2(IfSample.java))

```
06        if(money >= 100)
07            numberOfCandies++;
08        System.out.println("hello");
```

プログラム 6-4 の場合には，if 文の条件が満たされた場合に実行される文が二つであるにも関わらず，誤って「{　}」を省略してしまったことになる。一方，プログラム 6-5 の場合には，08 行目のインデントを誤り，if 文の条件判断とは関係のない「System.out.println("hello");」の文を if 文と関係のある文であるかのように書いてしまったことになる。このように，プログラマは人間である以上，コードの記述を誤る可能性はあり，それはやむを得ない。しかも，プログラム 6-3 はコンパイルして実行できてしまうため，プログラマは誤りに気づきにくい。このとき，「原則として if 文の中括弧は省略しない」というルールがプログラマの間で決められていれば，このような誤りは当初より発生しない。

if 文の中括弧を省略しても，絶対に紛らわしい誤りが発生しない自信がある箇所であれば，中括弧を省略してもよいであろう。しかしながら，人間の行動に「絶対」はあり得ないので，極力誤りが少なくなる書き方を心がけるべきである。

6.4 if〜else 文

本節では，if〜else 文を紹介する。

図 6.3 に示すように，if〜else 文では条件分岐したい部分に「if」と記述し，「if」に続く「(　)」内に条件を記述する。この条件が満たされた場合には，続く「{　}」の間に記述された文が実行される。この条件が満たされない場合には，else に続く「{　}」の間に記述された文が実行される。なお，“条件が満たされる”とは，条件の式を評価した結果が真 (true) になるということであり，“条件が満たされない”とは，条件の式を評価した結果が偽 (false) になるということである。「else」は,「そうでなければ」という意味である。

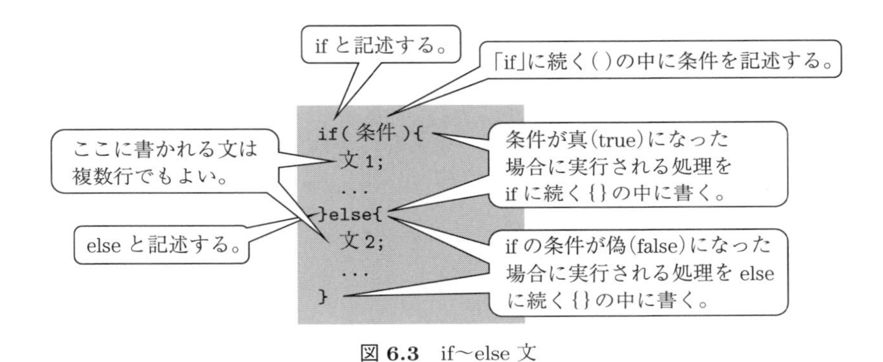

図 6.3　if〜else 文

if〜else 文を使用したプログラムの例をプログラム 6-6 に示す。先ほどのキャンディの話を少し改変した。所持金が 100 円以上あればキャンディを買い，そうでなければ水筒に水を汲む。

プログラム **6-6** (if 文の例 (IfElseSample.java))

```
01 class IfElseSample {
02     public static void main(String[] args) {
03         int money = 90;
04         int numberOfCandies = 0;
05         double water = 0.0;
06
07         if(money >= 100) {
08             numberOfCandies++;
09         } else {
10             water += 0.5;
11         }
12     }
13 }
```

変数 money に 90 が代入されている。
最初に持っているキャンディは 0 個である。
最初に水筒に入っている水は 0 リットルである。
もし，money が 100 以上であれば
キャンディの数が 1 増える。
そうでなければ
水筒に水を 0.5 リットル汲む。「+=」の意味がわからない人は 5.1.3 項参照。

03 行目で所持金を表す変数 money に 90 を代入している。所持金が 90 円であるという意味である。このとき，キャンディを持っていないので，04 行目でキャンディの所持数を表す変数 numberOfCandies に 0 を代入した。05 行目で水筒の中の水の量を表す変数 water に 0.0 を代入している。水筒が空であるという意味である。07 行目で所持金が 100 円以上であるかどうか条件を判断している。「money >= 100」という式の値が真 (true) であればこの条件は満たされ，偽 (false) であればこの条件は満たされない。このとき，money の値は 90 であるので，この式は満たされず，else に続く「{　}」の間に書かれた「water += 0.5;」という命令が実行される。

6.5 if〜else if〜else 文

本節では，if〜else if〜else 文を紹介する。

図 6.4 に示すように，if〜else if〜else 文では最初に条件分岐したい部分に「if」と記述し，「if」に続く「(　)」内にその条件を記述する。この条件が満たされた場合には，この if に続く「{　}」の間に記述された文が実行される。この条件が満たされない場合には，つぎの「else if」に続く「(　)」内に記述された条件が評価される。この条件が満たされた場合には，この else if に続く「{　}」の間に記述された文が実行される。すべての条件が満たされない場合には，else に続く「{　}」の間に記述された文が実行される。なお,「else if」は複数個記述

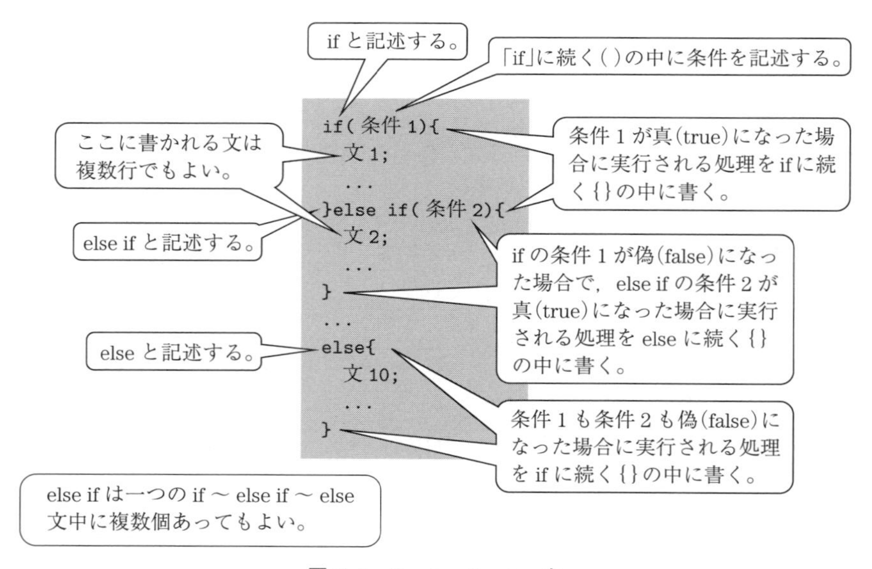

図 **6.4**　if〜else if〜else 文

できる。「else if」は「そうではないがもし〜」という意味である。

if〜else 文を使用したプログラムの例をプログラム 6-7 に示す。先ほどのキャンディの話をまた少し改変した。所持金が 100 円以上あればキャンディを買い，そうではないが 50 円以上あれば芋を買い，そうでなければ水筒に水を汲む。

プログラム 6-7 (if 文の例 (IfElseIfElseSample.java))

```
01 class IfElseIfElseSample {
02     public static void main(String[] args) {
03         int money = 90;
04         int numberOfCandies = 0;
05         int numberOfPotatoes = 0;
06         double water = 0.0;
07
08         if(money >= 100) {
09             numberOfCandies++;
10         } else if(money >= 50) {
11             numberOfPotatoes++;
12         } else {
13             water += 0.5;
14         }
15     }
16 }
```

変数 money に 90 が代入されている。
最初に持っているキャンディは 0 個である。
最初に持っている芋は 0 個である。
最初に水筒に入っている水は 0 リットルである。
もし，money が 100 以上であれば
キャンディの数が 1 増える。
そうではないがもし，money が 50 以上であれば
芋の数が 1 増える。
そうでなければ
水筒に水を 0.5 リットル汲む。

03 行目で所持金を表す変数 money に 90 を代入している。所持金が 90 円であるという意味である。このとき，キャンディを持っていないので，04 行目でキャンディの所持数を表す変数 numberOfCandies に 0 を代入した。また，芋も持っていないので，05 行目で芋の所持数を表す変数 numberOfPotatoes に 0 を代入した。06 行目で水筒の中の水の量を表す変数 water に 0.0 を代入している。水筒が空であるという意味である。08 行目で所持金が 100 円以上であるかどうか条件を判断している。「money >= 100」という式の値が真 (true) であればこの条件は満たされ，偽 (false) であればこの条件は満たされない。このとき，money の値は 90 であるので，この式は満たされず，10 行目の else if の条件に評価が移る。「money >= 50」という式の値が真 (true) であればこの条件は満たされ，偽 (false) であればこの条件は満たされない。このとき，money の値は 90 であるので，この式は満たされ，続く「{　}」の間に書かれた「numberOfPotatoes++;」という命令が実行される。「else if」は複数記述することが可能であり，else に続く「{　}」の間に書かれた 13 行目の文は,「if」やすべての「else if」のいずれの条件も満たさない場合にのみ実行される。

アクティブラーニング 6.1

① プログラム 6-7 において，16 行目に処理が移った時点で，numberOfCandies，numberOfPotatoes，water の値がそれぞれいくつになっているか答えよ。

［numberOfCandies］

［numberOfPotatoes］

［water］

② プログラム 6-7 の 03 行目で，money に 120 を代入していた場合には，16 行目に処理が移った時点で，numberOfCandies，numberOfPotatoes，water の値がそれぞれいくつになっているか答えよ。

［numberOfCandies］

［numberOfPotatoes］

［water］

③ プログラム 6-7 の 03 行目で，money に 30 を代入していた場合には，16 行目に処理が移った時点で，numberOfCandies，numberOfPotatoes，water の値がそれぞれいくつになっているか答えよ。

［numberOfCandies］

［numberOfPotatoes］

［water］

6.6 switch 文

前節までで学んだ条件文は，if 文を基本とするものであった。本節では，if 文とは書き方が異なる **switch 文** (switch statement) を紹介する。

図 6.5 に示すように，switch 文では条件分岐したい部分に「switch」と記述し,「switch」に続く「(　)」内にその条件となる式を記述する。if 文とは異なり，その条件が満たされるか満たされないか (true か false か) を評価するのではなく，数値や文字など，式の値はさまざまなものを取り得る。switch 文の式を評価して実行される文は，switch に続く「{　}」の中に記述される。この中には,「case 値 1:」のようなラベルも記述される。switch 文の式を評価した値が「値 1」であれば,「case 値 1:」のラベルがある行に処理が移り，この値が「値 2」であれば,「case 値 2:」のラベルがある行に処理が移る。もし，この値がどの case のラベ

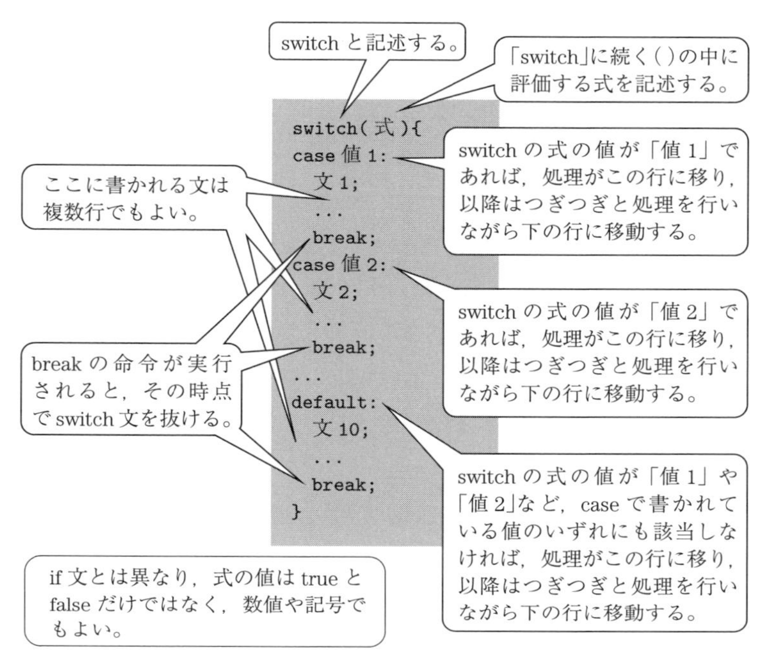

図 6.5 switch 文

ルにも当てはまらない場合には,「default:」のラベルがある行に処理が移る。ラベルがある行に処理が移った後は，それ以降の行の文が順次実行される。このとき,「break;」の文が実行されるか，switch 文の終わりにある「 } 」に処理が移ると，その switch 文を抜ける。

ここで注意してほしいのは,「break;」という文に処理が移らない限り，つぎの「case」と書かれたラベルが登場しても，処理はそのまま下の行に続くということである。これについては例を示して後述する。

switch 文を使用したプログラムの例をプログラム 6-8 に示す。先ほどのキャンディの話をさらに改変した。所持金が 100 円であればキャンディを買い，50 円であれば芋を買い，そうでなければ水筒に水を汲む。

プログラム 6-8 (switch 文の例 (SwitchSample.java))

```
01 class SwitchSample {
02     public static void main(String[] args) {
03         int money = 90;                    変数 money に 90 が代入されている。
04         int numberOfCandies = 0;           最初に持っているキャンディは 0 個である。
05         int numberOfPotatoes = 0;          最初に持っている芋は 0 個である。
06         double water = 0.0;
07                                            最初に水筒に入っている水は 0 リットルである。
08         switch(money) {                    money という変数の値を利用して処理を分岐する。
09         case 100:
10             numberOfCandies++;             money の値が 100 であれば
11             break;                         キャンディの数が 1 増える。
                                              この switch 文を抜ける。
```

```
12          case 50:                    // money の値が 50 であれば
13              numberOfPotatoes++;     // 芋の数が 1 増える。
14              break;                  // この switch 文を抜ける。
15          default:                    // money の値が case のどれにも当てはまらなければ
16              water += 0.5;           // 水筒に水を 0.5 リットル汲む。
17              break;                  // この switch 文を抜ける。
18          }
19      }
20  }
```

08 行目で所持金の値を利用して switch 文を評価している。プログラム 6-7 の場合とは異なり，case に書かれているのは 100 や 50 という数字である。「100 以上であるか？」のような真 (true) か偽 (false) かで答えられるものではないことに注意してほしい。このプログラムでは，所持金は 90 円だが，money の値が 100 でも 50 でもないので,「case 100:」の 09 行目や「case 50:」の 12 行目には処理は移らない。この場合，該当する「case」の値が存在しないため，15 行目の「default:」に処理が移る。

アクティブラーニング 6.2

① プログラム 6-8 において，20 行目に処理が移った時点で，numberOfCandies，numberOfPotatoes，water の値がそれぞれいくつになっているか答えよ。

[numberOfCandies]

[numberOfPotatoes]

[water]

② プログラム 6-8 の 03 行目で，money に 100 を代入していた場合には，20 行目に処理が移った時点で，numberOfCandies，numberOfPotatoes，water の値がそれぞれいくつになっているか答えよ。

[numberOfCandies]

[numberOfPotatoes]

[water]

つぎに,「break;」が登場せずに「case」のラベルが複数登場する例について説明する。プログラム 6-9 を見てほしい。

プログラム **6-9** (switch 文の例 (SwitchSample.java))

```
01 class SwitchSample {
02     public static void main(String[] args) {
03         int money = 120;
04         int numberOfCandies = 0;
05         int numberOfPotatoes = 0;
06         double water = 0.0;
07
08         switch(money) {
09         case 120:
10         case 110:
11         case 100:
12             numberOfCandies++;
13             break;
14         case 50:
15             numberOfPotatoes++;
16             break;
17         default:
18             water += 0.5;
19             break;
20         }
21     }
22 }
```

変数 money に 120 が代入されている。
最初に持っているキャンディは 0 個である。
最初に持っている芋は 0 個である。
最初に水筒に入っている水は 0 リットルである。
money という変数の値を利用して処理を分岐する。
money の値が 120 であれば
money の値が 110 であれば
money の値が 100 であれば
キャンディの数が 1 増える。
この switch 文を抜ける。
money の値が 50 であれば
芋の数が 1 増える。
この switch 文を抜ける。
money の値が case のどれにも当てはまらなければ
水筒に水を 0.5 リットル汲む。
この switch 文を抜ける。

08 行目で所持金の値を利用して switch 文を評価しているのはプログラム 6-8 と同様である。所持金の値は，03 行目を見ると 120 円となっている。変数 money の値が 120 であるため,「case 120:」の場合に該当することになり，switch 文の評価を行った後は 09 行目に処理が移る。もし，ここで money の値が 110 であった場合には 10 行目に処理が移り，100 であった場合には 11 行目に処理が移るであろう。これらいずれの場合にも，12 行目の「numberOfCandies++;」が実行され，13 行目の「break;」でこの switch 文から抜ける。このように，case に該当する値が 120 でも 110 でも 100 でも，実行されるのは 12 行目と 13 行目である。「break;」の文が現れるまで switch 文の内部の処理は下方向に順に進むため，このような書き方が可能である。

アクティブラーニング **6.3**

プログラム 6-8 の 03 行目で，money に 100 を代入し，なおかつ 11 行目の「break;」が存在しなかった場合には，20 行目に処理が移った時点で，numberOfCandies，numberOfPotatoes， water の値がそれぞれいくつになっているか答えよ。

[numberOfCandies]

[numberOfPotatoes]

[water]

switch 文の説明の中で,「switch」の後に書かれるものが「式」であることに疑問を持った人もいるかもしれない。プログラム 6-8 では，08 行目に「 switch(money) { 」と書かれており，小括弧の中の money は式ではなくて変数である。switch 文では，式を評価した値に基づいて「case」を使用して条件分岐するため，この部分に変数そのものを記述することも可能なのである。もちろん，この部分に式を書くこともできる。その例をプログラム 6-10 に示す。

プログラム 6-10 (switch 文の例 (SwitchSample.java))

```
01 class SwitchSample {
02     public static void main(String[] args) {
03         int money = 120;                    変数 money に 120 が代入されている。
04         int numberOfCandies = 0;            最初に持っているキャンディは 0 個である。
05         int numberOfPotatoes = 0;           最初に持っている芋は 0 個である。
06         double water = 0.0;                 最初に水筒に入っている水は 0 リットルである。
07
08         switch(money/50) {                  money/50 という式を評価した値を利用して処理を分岐する。
09         case 0:                             money/50 の値が 0 であれば
10             water += 0.5;                   水筒に水を 0.5 リットル汲む。
11             break;                          この switch 文を抜ける。
12         case 1:                             money/50 の値が 1 であれば
13             numberOfPotatoes++;             芋の数が 1 増える。
14             break;                          この switch 文を抜ける。
15         default:                            money/50 の値が case のどれにも当てはまらなければ
16             numberOfCandies++;              キャンディの数が 1 増える。
17             break;                          この switch 文を抜ける。
18         }
19     }
20 }
```

プログラム 6-10 では，switch で評価する値が money という変数の値そのものから,「変数 money を 50 で割るという式を評価した値」に変わった。プログラム 6-10 は，プログラム 6-8 とは異なり，03 行目で指定する所持金が 120 円の場合でもキャンディを買うことになるのがわかったであろうか。所持金が 60 円であれば，キャンディではなく芋を買うことにもなっている。つまり，if〜else if〜else 文のプログラム 6-7 と同じ条件分岐を switch 文で行えている。

もし，ここで，money/50 は 2 ではなく 2.4 だから「default」に処理が移ったのかと思った人は，Java 言語における割り算の演算を正しく理解していないので，5.1 節を見て復習しよう。

6.7 論 理 演 算 子

複数の条件を同時に満たした場合のみ，何かを実行したいと思うこともあるであろう。Java 言語ではこのような条件を**論理演算子** (logical operator) を使って記述できる。

プログラム 6-11 の例では，100 円以上持っていて，なおかつ，キャンディの大きさが L サイズの場合のみ，キャンディを買うようになっている。

プログラム 6-11 (論理演算子の例 (LogicalOperationSample.java))

```
01 class LogicalOperationSample {
02     public static void main(String[] args) {
03         int money = 120;
04         int numberOfCandies = 0;
05         char sizeOfCandy = 'L';
06
07         if(money >= 100 && sizeOfCandy == 'L') {
08             numberOfCandies++;
09         }
10     }
11 }
```

変数 money に 120 が代入されている。
最初に持っているキャンディは 0 個である。
売っているキャンディの大きさは L である。
もし，money が 100 以上で，なおかつ，sizeOfCandy が L だったら

プログラム 6-11 の 07 行目に登場する「&&」が論理演算子である。論理演算子には，いくつかの種類がある。論理演算子を**表 6.2** に示す。

表 6.2　論理演算子

演算子	意　味	説　明
&&	論理積 (and)	左辺と右辺の両方の値が true
||	論理和 (or)	左辺もしくは右辺のいずれかの値が true
!	否定 (not)	右辺の true と false を逆の値にする

論理積の「&&」は，その記号の左辺と右辺の両方の値が true になる場合にのみ true になり，それ以外の場合には false になる。日本語表現では「なおかつ」に該当する。論理和の「||」は，その記号の左辺と右辺のいずれかの値が true になる場合にのみ true になり，それ

以外の場合には false になる。日本語表現では「もしくは」に該当する。否定の「!」は，true と false を逆にする場合に使用する。例えば,「!(x >= 40)」と記述すれば,「x が 40 以上ではない」という意味になる。

プログラム 6-11 の 05 行目や 07 行目で，なぜ「L」ではなく「'L'」と書かれているのかわからない人は，3.1 節を参照して復習しよう。

つぎに，論理演算子を複数同時に使用する場合について説明する。

所持金が 100 円以上あれば，売っているキャンディの大きさが L でも M でも買うことにする。その場合にはプログラム 6-12 のように記述する。

プログラム 6-12 (論理演算子の例 (LogicalOperationSample.java))

```
01 class LogicalOperationSample {
02     public static void main(String[] args) {
03         int money = 120;
04         int numberOfCandies = 0;
05         char sizeOfCandy = 'M';
06
07         if(money >= 100 && (sizeOfCandy == 'L' || sizeOfCandy == 'M')) {
08             numberOfCandies++;
09         }
10     }
11 }
```


プログラム 6-12 の 07 行目を見てほしい。「sizeOfCandy == 'L' || sizeOfCandy == 'M'」と書かれている。キャンディの大きさが L もしくは M であれば，この部分の式を評価した値は真 (true) になる。

では，なぜ,「sizeOfCandy == 'L' || sizeOfCandy == 'M'」の部分が小括弧で囲まれているのであろうか。この小括弧がないと,「money >= 100 && sizeOfCandy == 'L'」の部分が先に評価されてしまう。そして，その結果と,「sizeOfCandy == 'M'」がつぎに評価される。つまり，この場合においては，キャンディの大きさが M であれば，money の値が 100 以上かどうかに関係なくキャンディが買えてしまうことになる。なお，これは，左から順番に式を評価するという意味ではなく，論理積と論理和が混在する計算では論理積を先に計算するということである。「2 + 3 × 5」を計算するときに,「3 × 5」の部分から先に計算されるのと同様である。論理積の「積」とは掛け算，論理和の「和」とは足し算のことを意味している。

アクティブラーニング 6.4

プログラム 6-12 において，11 行目に処理が移った時点で，numberOfCandies の値がいくつになっているか答えよ。

［numberOfCandies］

6.8 条 件 演 算 子

先に登場した if 文を，Java では**条件演算子** (conditional operator) を使って簡潔に記述することも可能である。プログラム 6-1 で条件分岐したのと同じ内容を，条件演算子を使って行う例をプログラム 6-13 に示す。

プログラム 6-13 (条件演算子の例 (ConditionalOperationSample.java))

```
1 class ConditionalOperationSample {
2     public static void main(String[] args) {
3         int money = 120;                       変数 money に 120 が代入されている。
4         int numberOfCandies = 0;
5                                                最初に持っているキャンディは 0 個である。
6         numberOfCandies += (money >= 100) ? 1 : 0;
7     }
8 }
```

条件演算子は 6 行目で使用されている。条件演算子は**図 6.6** のように使用する。

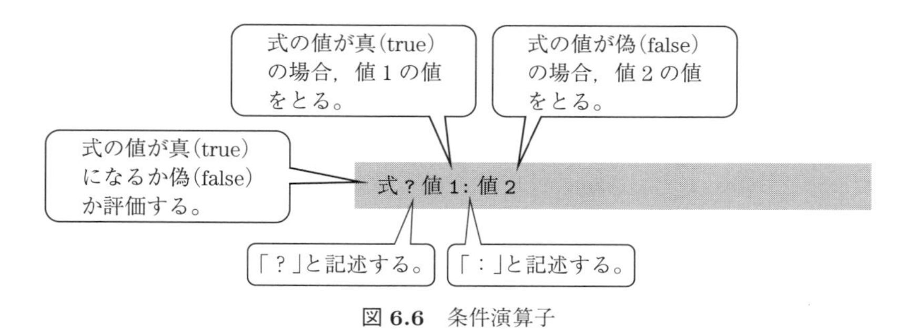

図 6.6 条件演算子

プログラム 6-13 の 6 行目に「?」が登場するが，その直前の「(money >= 100)」が条件を判断する式に当たる。3 行目で money に 120 が代入されているので，この式を評価した値は真 (true) になる。式を評価した値が真 (true) の場合には,「?」の直後の「1 : 0」のうち,「:」の左側にある値である「1」をとる。偽 (false) の場合には,「:」の右側にある値である「0」をとる。

演　習　問　題

6.1　偶数 (even) か奇数 (odd) かを求めるプログラムをプログラム 6-14 に示す。03 行目で number に代入されている値が偶数か奇数かを調べたい。04 行目で宣言されている変数 isEven が真 (true) であれば偶数，偽 (false) であれば奇数であるようにし，13〜18 行目で isEven の値に応じて偶数か奇数かを文字列として出力している。

プログラム 6-14 (偶数か奇数か求める (EvenOrOdd.java))

```
01 class EvenOrOdd {
02     public static void main(String[] args) {
03         int number = 3;
04         boolean isEven = false;
05
06         if(                                    ) {
07             isEven = true;
08         } else {
09             isEven = false;
10         }
11
12         if(isEven == true) {
13             System.out.println("even");
14         } else {
15             System.out.println("odd");
16         }
17     }
18 }
```

(1)　06 行目の空欄に入る適切なコードを書け。偶数というのは 2 で割り切れる数というように考えてほしい。

［06 行目の空欄に入るコード］

(2)　プログラム 6-14 を「6 で割り切れるかどうか求めるプログラム」に変更するとしたら，06 行目の空欄部分はどのように変更するのが適切か。変数 number が 6 で割り切れる場合に 06 行目の if 文の値が真となるように，06 行目を変更せよ。

［06 行目の空欄に入るコード］

6.2　与えられた西暦が平成時代か昭和時代か大正時代か明治時代かそれ以前かを判断するプログラムをプログラム 6-15 に示す。03 行目で宣言している変数 japaneseEra が，求められた元号に応じて変わるようにしたい。japaneseEra の値が，平成時代であれば'H'，昭和時代であれば'S'，大正時代であれば'T'，明治時代であれば'M'，それ以外であれば'E' となるようにする。

プログラム 6-15 (西暦から元号を求める (JapaneseCalendar.java))

```
01 class JapaneseCalendar {
02     public static void main(String[] args) {
03         int year = 2014;
04         char japaneseEra = 'E';
05
06         if([                                    ]) {
07             japaneseEra = 'H';
08         } else if([                                    ]) {
09             japaneseEra = 'S';
10         } else if([                                    ]) {
11             japaneseEra = 'T';
12         } else if([                                    ]) {
13             japaneseEra = 'M';
14         } else {
15             japaneseEra = 'E';
16         }
17
18         System.out.println(japaneseEra);
19     }
20 }
```

(1)　06，08，10，12 行目の空欄を適切に埋めよ。なお，明治，大正，昭和，平成元年はそれぞれ 1868, 1912, 1926, 1989 年である。それぞれの元号の最後の年とそのつぎにくる元号の最初の年は同じであるため，どちらに含まれても構わない。

［06 行目の空欄に入るコード］

［08 行目の空欄に入るコード］

［10 行目の空欄に入るコード］

［12 行目の空欄に入るコード］

(2)　プログラム 6-15，空欄にコードを記述する際，「1926 以上 1989 未満」のように記述した人がいるかもしれない。そのように記述する必要がない理由を説明せよ。

［理由］

6.3　与えられた数字から方角を求めるプログラムをプログラム 6-16 に示す。03 行目で宣言している変数 number の値が 0 であれば東，1 であれば西，2 であれば南，3 であれば北となるようにしたい。04 行目で宣言している変数 direction に，東の場合は'E'，西の場合は'W'，南の場合は'S'，北の場合は'N'，それ以外の場合は'O' が入るようにする。

プログラム **6-16** (方角を求める (Direction.java))

```
01 class Direction {
02     public static void main(String[] args) {
03         int number = 3;
04         char direction = 'O';
05 
06         switch(number) {
07         [                    ]
08             direction = 'E';
09             break;
10         [                    ]
11             direction = 'W';
12             break;
13         [                    ]
14             direction = 'S';
15             break;
16         [                    ]
17             direction = 'N';
18             break;
19         [                    ]
20             direction = 'O';
21             break;
22         }
23 
24         System.out.println(direction);
25     }
26 }
```

(1)　07，10，13，16，19 行目の空欄を埋める適切なコードを書け。

[07 行目の空欄に入るコード]

[10 行目の空欄に入るコード]

[13 行目の空欄に入るコード]

[16 行目の空欄に入るコード]

[19 行目の空欄に入るコード]

(2)　09 行目や 12 行目に「break;」という命令があるが，これがないとプログラムの処理はどうなるか，説明せよ。

[説明]

6.4　血液型を求めるプログラムをプログラム 6-17 に示す。03 行目で宣言している変数 bld1 と，04 行目で宣言している変数 bld2 に，それぞれ'A'，'B'，'O' のいずれかの値が入る。bld1 と bld2 の組合せが，AO，OA，AA のいずれかであれば血液型は A 型に，

BO，OB，BB のいずれかであれば B 型に，AB または BA であれば AB 型に，OO であれば O 型になる。

プログラム 6-17 (血液型を求める (BloodType.java))

```
01 class BloodType {
02     public static void main(String[] args) {
03         char bld1 = 'A';
04         char bld2 = 'B';
05
06         if([                          ]) {
07             System.out.println("A");
08         } else if([                          ]) {
09             System.out.println("B");
10         } else if([                          ]) {
11             System.out.println("AB");
12         } else if([                          ]) {
13             System.out.println("O");
14         } else {
15             System.out.println("N/A");
16         }
17     }
18 }
```

論理演算子を用いて，06，08，10，12 行目の空欄を埋める適切なコードを書け。

[06 行目の空欄に入るコード] [　　　　　　　　　　]

[08 行目の空欄に入るコード] [　　　　　　　　　　]

[10 行目の空欄に入るコード] [　　　　　　　　　　]

[12 行目の空欄に入るコード] [　　　　　　　　　　]

6.5 西暦年が閏(うるう)年かどうか判定するプログラムをプログラム 6-18 に示す。03 行目で year に代入されている値が閏年かどうか調べたい。04 行目で宣言されている変数 isLeapYear が真 (true) であれば閏年，偽 (false) であれば閏年ではないようにし，16〜20 行目で isLeapYear の値に応じて閏年かそうでないかを文字列として出力している。なお，閏年は西暦年が 4 の倍数の年であるが，100 の倍数の年は除く。ただし，400 の倍数は閏年である。

プログラム 6-18 (閏年かどうか求める (LeapYear.java))

```
01 class LeapYear {
02     public static void main(String[] args) {
03         int year = 2014;
04         boolean isLeapYear = false;
05
06         if([                          ]) {
07             isLeapYear = true;
08         } else if([                          ]) {
09             isLeapYear = false;
```

```
10          } else if(                                    ) {
11              isLeapYear = true;
12          } else {
13              isLeapYear = false;
14          }
15
16          if(isLeapYear == true) {
17              System.out.println("leap year");
18          } else {
19              System.out.println("not leap year");
20          }
21      }
22  }
```

06，08，10 行目の空欄を埋める適切なコードを書け。

［06 行目の空欄に入るコード］

［08 行目の空欄に入るコード］

［10 行目の空欄に入るコード］

なお，問題文を素直に読んで，西暦年が 4 の倍数の年を閏年であるとして処理を始めると，分岐が多岐にわたりプログラムが複雑になってしまう。まず，400 の倍数は絶対に閏年であるので，これを 06 行目に記述するとよい。つぎに，それ以外で 100 の倍数は絶対に閏年ではないので，これを 08 行目に記述するとよい。このように，柔軟に発想できるようになってほしい。

6.6　西暦年から十二支 (子丑寅卯辰巳午未申酉戌亥) を求めるプログラムをプログラム 6-19 に示す。03 行目で year に代入されている値から十二支を調べたい。04 行目で宣言されている変数 sign に十二支の文字が入り，48 行目でその文字を出力している。

プログラム 6-19 (閏年かどうか求める (TwelveHorarySigns.java))

```
01  class TwelveHorarySigns {
02      public static void main(String[] args) {
03          int year = 2014;
04          char sign = '子';
05
06          switch(                                  ) {
07          case 0:
08              sign = '申';
09              break;
10          case 1:
11              sign = '酉';
12              break;
13          case 2:
14              sign = '戌';
```

```
15              break;
16          case 3:
17              sign = '亥';
18              break;
19          case 4:
20              sign = '子';
21              break;
22          case 5:
23              sign = '丑';
24              break;
25          case 6:
26              sign = '寅';
27              break;
28          case 7:
29              sign = '卯';
30              break;
31          case 8:
32              sign = '辰';
33              break;
34          case 9:
35              sign = '巳';
36              break;
37          case 10:
38              sign = '午';
39              break;
40          case 11:
41              sign = '未';
42              break;
43          default:
44              sign = '子';
45              break;
46          }
47
48          System.out.println(sign);
49      }
50  }
```

(1)　06 行目の空欄を埋める適切なコードを書け。

［06 行目の空欄に入るコード］

(2)　十二支は「子」から始まるのに，なぜ 08 行目で sign に代入される値は「子」ではなく「申」なのか，理由を説明せよ。

［理由］

コーヒーブレイク

Q 太：「おかしいな。」

A 子：「どうしたの？」

Q 太：「例題を真似して，自分でも if 文の練習をしてみたんだけど，うまく動かないんだ。このコードだけどなんでだろう。」

プログラム 6-20 (Q 太のプログラム (Comparison.java))

```
1  class Comparison {
2     public static void main(String[] args) {
3         int qta = 0;
4         int ako = 100;
5         if(qta = 0 & ako = 100)
6             qta += 100;
7             ako -= 100;
8     }
9  }
```

A 子：「このプログラムはどういう意味なの？」

Q 太：「Q 太が 0 点で A 子が 100 点だったときには，Q 太に 100 足して，A 子からは 100 引いてしまいたいんだ！」

A 子：「……。」

ハチ王子先生：「まず，5 行目の『qta = 0』と『ako = 100』だけど，これでは代入になってしまっているね。比較する場合には『qta == 0』と『ako == 100』と書かないと駄目だね。それから，5 行目の『&』の記号だけど，両辺が真 (true) になる場合に真 (true) になる論理積 (and) の意味なら，『&&』と記述しないといけないね。また，エラーにはなっていないけど，6 行目と 7 行目の両方を 5 行目の if 文の中に入れたいのであれば，『{　}』の中括弧が必要だね。if 文の中の行が 1 行のときにはこの中括弧は省略できるのだけれど，Q 太君のようにうっかり間違えてしまう人がいるから，なるべく省略しないほうがいいよ。」

A 子：「先生が指摘したところは，全部この教科書に『間違えやすい点』として載っていますね。」

ハチ王子先生：「とくに『=』と『==』の間違いは，そのままコンパイルできてしまう場合があるから要注意だね。」

A 子：「ところで Q 太，このプログラムは本当に if 文の練習用なの？」

Q 太：「期末試験事後対策！」

7 繰り返し文

前章では，条件文を学ぶことにより，プログラムを分岐する方法について学んだ。この章では，プログラム内において処理を繰り返し行うための**繰り返し文** (loop statement) について学ぶ。

7.1 繰り返し文とは

繰り返し文を用いることで，与えられた条件が満たされている間，何度も同じ処理を行うことができる。繰り返しは，私たちの日常生活においても頻繁に行われている。例えば,「期末テストが終わるまで，毎日 2 時間勉強する」や「100 万円貯まるまで，毎月 5 万円ずつ貯金する」といったようなものである。後者の例の場合，繰り返し文では**図 7.1** のように処理される。

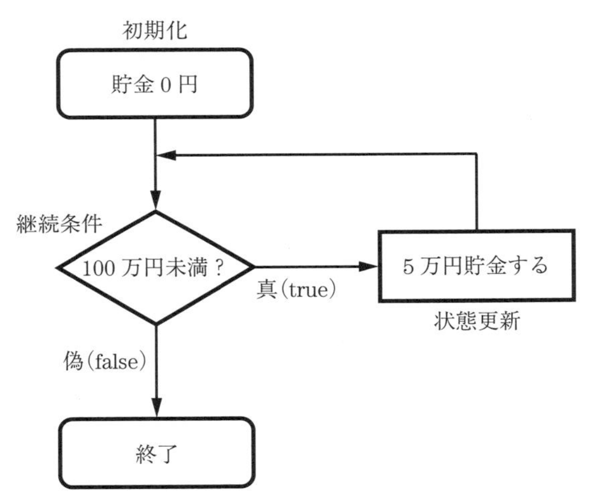

図 7.1　100 万円貯金する場合の繰り返し文の過程

図の例は，開始時点での貯金は 0 円であるとし，100 万円の貯金を目標に，毎月 5 万円ずつ貯金するというものである。この場合，まず貯金 0 円を出発し，つぎに，現在の貯金が 100 万円未満であるかどうかを判定する。「貯金が 100 万円未満」であるという条件が真 (true) であるならば，5 万円貯金する。また翌月に貯金が 100 万円未満であるかどうかを判定し，貯金が 100 万円未満であれば，5 万円貯金する。このプロセスを繰り返す。もし貯金が 100 万円未満かどうかの判定において，条件が偽 (false) の場合，すなわち，100 万円が貯まった場合，貯金をするのを終了する。

繰り返し文は，**初期化** (initialization)，**継続条件** (continuation condition)，**状態更新** (state update) の三つの要素で構成される。図 7.1 の例では,「貯金が 0 円」というのが初期化,「現在の貯金が 100 万円未満かどうか？」というのが継続条件,「5 万円貯金する」というのが状態更新に該当する。継続条件は，6.4 節の条件文で学んだ条件式と同様に，真か偽かで評価され，継続条件が真の間，繰り返される。

Java 言語では，このような繰り返しを実現するために，繰り返し文が用いられ，for 文 (for statement)，while 文 (while statement)，do〜while 文 (do〜while statement) の 3 種類が用意されている。本章では，まず for 文からはじめ，while 文 do〜while 文と順に学ぶことにする。

7.2 for 文

本節では，for 文を紹介する。for 文は，繰り返したい部分に「for」と記述する。「for」に続くカッコ「(　)」内に，初期化，継続条件，状態更新を記述する。これら三つのうち，初期化と継続条件は，セミコロン「；」を末尾につけなければならない。実際に繰り返したい処理は，それ以降の「{　}」の間に記述される。したがって，for 文は以下のように記述される。

```
for (初期化; 継続条件; 状態更新) {
    文;
}
```

for 文で繰り返したい処理が 1 文の場合，カッコ「{　}」は省略可能である。しかし，カッコ「{　}」を省略した場合，繰り返されるのは for 文直後のみであるので，注意が必要となる。つねに「{　}」をつけ,「{　}」内に処理を記述することを勧める。このように記述された for 文は，**図 7.2** のような流れで処理が実行される。

for 文を使用した簡単なプログラムの例をプログラム 7-1 に示す。プログラム 7-1 は，山びこのように「ヤッホー」と繰り返し表示するプログラムである。

プログラム 7-1 (「ヤッホー」と 5 回繰り返すプログラムの例 (EchoFor.java))

```
1 class EchoFor {
2     public static void main(String[] args) {
3         int i; //繰り返しのための変数
4 
5         for (i=0; i<5; i++) {            ← i は 0 から 4 まで 1 ずつ増える。
6             System.out.println("ヤッホー");   ← 「ヤッホー」と表示する。
```

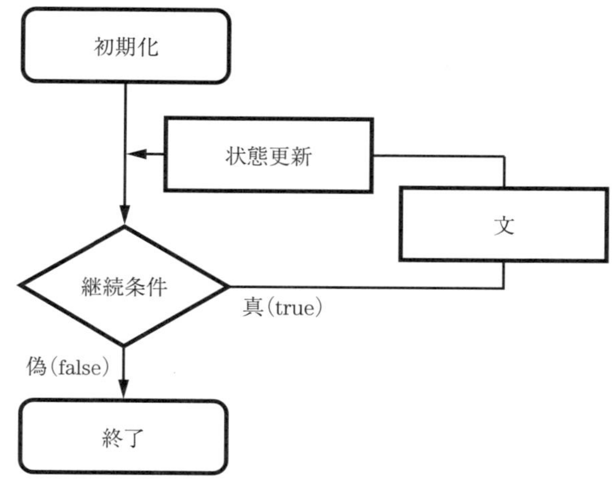

図 7.2　for 文の制御ダイアグラム

```
7            }
8        }
9    }
```

プログラム 7-1 をコンパイルし実行すると，以下のように「ヤッホー」と 5 回表示される。

実行結果 7-1

```
ヤッホー
ヤッホー
ヤッホー
ヤッホー
ヤッホー
```

プログラム 7-1 では，初期化として,「変数 i に 0 を代入」している。継続条件は「変数 i が 5 未満」であり，状態更新では，繰り返すたびに「変数 i がインクリメント」，すなわち，1 が加算される。このため，5 回繰り返しが行われる。繰り返される処理は，6 行目に記述されている「System.out.println(“ヤッホー”);」である。「System.out.println」は「(　)」内の文字列を表示するためのものであった。忘れた人は，3.1 節で確認してもらいたい。したがって，5 回「ヤッホー」と表示される。

プログラム 7-1 と同じ動作をするサンプルプログラムをプログラム 7-2 に示す。

プログラム 7-2（「ヤッホー」と 5 回繰り返すプログラムの例 (EchoForSscope.java)）

```
1  class EchoForScope {
2      public static void main(String[] args) {
3
4          for (int i=0; i<5; i++) {        i は 0 から 4 まで 1 ずつ増える。
5              System.out.println("ヤッホー");     「ヤッホー」と表示する。
```

```
6         }
7     }
8 }
```

プログラム 7-1 と同様に,「ヤッホー」と 5 回表示される。プログラム 7-1 との違いは，変数 i を宣言する位置である。プログラム 7-1 では，main メソッドの宣言直後の 3 行目で変数 i が宣言されている。しかし，プログラム 7-2 では，4 行目の for 文の初期化において変数 i の宣言を行っている。プログラム 7-1 と 7-2 では，変数 i を使える範囲が異なるので注意が必要である。プログラム 7-1 のように変数を宣言した場合，宣言された変数 i は 3〜6 行目のどこでも使用することができる。しかし，プログラム 7-2 のように宣言した場合，変数 i は for 文内，すなわち，4, 5 行目でのみ使用可能である。したがって，プログラム 7-2 において，4, 5 行目以外で変数 i に値を代入したり，変数 i を用いたりするとコンパイル時にエラーが表示され，コンパイルに失敗する。このように，変数は宣言する位置により，使用可能範囲が異なる。この使用可能範囲のことを変数の**スコープ** (scope) と呼ぶ。

プログラム 7-1 や 7-2 では，まったく同じ処理を 5 回繰り返させた。for 文で繰り返す処理は，まったく同じものでなくてもよい。プログラム 7-3 は，for 文の初期化や継続条件，状態更新で用いられる変数 i を用いて，繰り返し回数を表示するプログラムである。

プログラム 7-3 (繰り返し回数を表示するプログラムの例 (CountLoop.java))

```
1 class CountLoop {
2     public static void main(String[] args) {
3         int i; // 繰り返しのための変数
4
5         for (i=1; i<=10; i++) {      ← i は 1 から 10 まで 1 ずつ増える。
6             System.out.println(i);   ← i を表示する。
7         }
8     }
9 }
```

プログラム 7-3 を実行した結果は以下のとおりである。

実行結果 7-3

```
1
2
3
4
5
6
7
8
9
10
```

プログラム 7-3 のように，for 文内の処理では，初期化，継続条件，状態更新に使用されている変数を参照することも可能である。加えて，for 文内の処理では演算を行うことも可能である。for 文は，特に「1 から 10 までの自然数の和を求めたい」といったような場合に便利である。プログラム 7-4 に，この 1 から 10 までの合計を求めるプログラムを示す。

プログラム 7-4 (1 から 10 までの合計を求めるプログラムの例 (CalSum.java))

```
01 class CalSum {
02     public static void main(String[] args) {
03         int i;   // 繰り返しのための変数
04         int sum; // 合計値
05
06         sum = 0;
07         for (i=1; i<=10; i++) {
08             sum += i;
09         }
10         System.out.println(sum);
11     }
12 }
```

変数を初期化する。

i は 1 から 10 まで 1 ずつ増える。

sum に i を加えて sum に代入する。

合計値 sum を表示する。

プログラム 7-4 では，06 行目において，合計値を保存する変数 sum を 0 に初期化している。この初期化は，for 文で用いる変数 i の初期化ではなく，合計を求めるための初期化である。08 行目において，for 文が用いられている。この for 文では，初期化として，「変数 i が 1」に設定され，継続条件は「変数 i が 10 以下」である。また，状態更新で「変数 i をインクリメント」，すなわち，変数 i に 1 が加算されている。したがって，処理は 10 回繰り返される。繰り返される処理は，for 文直後の 08 行目である。08 行目の処理，「sum += i;」は，5.1.3 項で学習したように「sum = sum + i;」と同じであった。変数 i が 1 のとき，変数 sum は 0 である。したがって，「sum += i;」により，0 に 1 が加えられた値，すなわち，1 が変数 sum に代入される。つぎに，変数 i が 2 のとき，変数 sum は 1 であるため，1 に 2 が加えられた値，すなわち，3 が変数 sum に代入される。さらに，変数 i が 3 のとき，変数 sum は 3 であるため，3 に 3 が加えられた値，すなわち，6 が変数 sum に代入される。このような処理を i が 10 まで繰り返すことにより，1 から 10 までの合計値を求めることができる。プログラム 7-4 を実行すると，以下のように 1 から 10 までの合計が求められる。

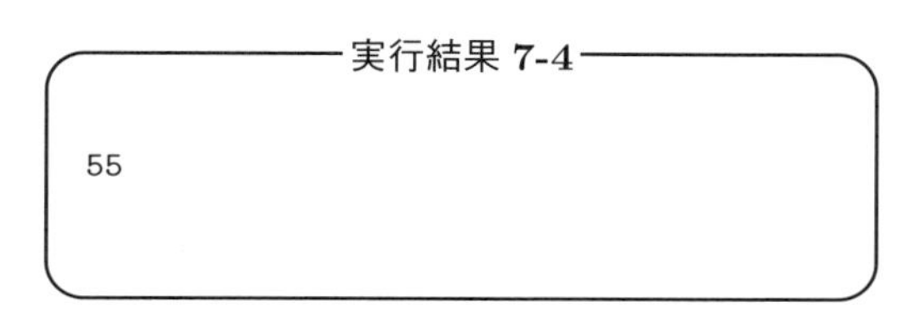

これまで示したサンプルプログラムでは，for 文による処理が 1 文であったが，2 文以上の処理も可能である。その場合，一連の処理を以下のように「{　}」でくくる必要がある。これは，6.3 節の条件文と同じである。

```
for (初期化; 継続条件; 状態更新) {
    文 1;
    文 2;
    文 3;
     ⋮
}
```

プログラム 7-5 に，複数の処理を含む for 文の例を示す。プログラム 7-5 は 10! (10 の階乗)，すなわち，自然数 1 から 10 の積を求めるプログラムである。

プログラム 7-5 (10! を求めるプログラムの例 (CalMulti.java))

```
01 class CalMulti {
02     public static void main(String[] args) {
03         int i;      // 繰り返しのための変数
04         int multi; // 積
05
06         multi = 1;          multi を初期化する。
07         System.out.println("i multi");     i multi と表示する。
08         for (i=1; i<=10; i++) {
09             multi *= i;        multi に i をかけて multi に代入する。
10             System.out.println(i + " " + multi);     i と multi を表示する。
11         }
12     }
13 }
```

プログラム 7-5 では，まず 06 行目において，積を保存する変数 multi が 1 に初期化されている。プログラム 7-4 とは異なり，変数 multi を 1 に初期化していることに注意してほしい。ここで変数 multi をプログラム 7-4 の変数 sum のように 0 に初期化してしまった場合，09 行目の処理において，つねに 0 と変数 i の積が変数 multi に代入されるため，変数 multi は 0 となってしまい，正しく計算することができない。続く 08 行目において，プログラム 7-4 と同様に 10 回の繰り返しが実現される。10 回繰り返される処理は，09, 10 行目である。09 行目の「multi $*=$ i;」は,「multi $=$ multi $*$ i;」と同じである。したがって，変数 i が 1 のとき，multi $= 1 * 1 = 1$，変数 i が 2 のとき，multi $= 1 * 2 = 2$，変数 i が 3 のとき，multi $= 2 * 3 = 6$ という処理を変数 i が 10 になるまで繰り返す。10 行目では，繰り返しによる変数 multi の値の変化がわかりやすいように，変数 multi の値を表示している。したがって，プログラム 7-5 を実行すると実行結果 7-5 のような結果が得られる。

実行結果 7-5

```
i multi
1 1
2 2
3 6
4 24
5 120
6 720
7 5040
8 40320
9 362880
10 3628800
```

実行結果 7-5 では，左が変数 i の値，右が変数 multi の値を示している。プログラム 7-5 の 07 行目の for 文の継続条件「i<= 10」において，より大きな値を設定することも可能である。しかし，$N!$ は N に対して急速に値が大きくなる。プログラム 7-5 の実行結果 7-5 を見てほしい。実際に変数 i の数が 1 ずつ増加するのに対し，変数 multi の値は劇的に増加していくことが確認できる。プログラム 7-5 では，int 型の変数を用いている。int 型の変数は，表 4.1 で学んだように 4 バイトあった。したがって，保存可能な最大値は，2147483647 である。よって，$12! = 479001600$，$13! = 6227020800$ であることから，int 型を用いた場合，12! までしか正しい値を計算することができないので，注意が必要である。このように繰り返し文では，変数の**オーバーフロー** (overflow) が起こりやすい。そのため，必要に応じて変数の型を変更したり，変数の値の範囲を意識することが重要である。

アクティブラーニング 7.1

① プログラム 7-1 を「ヤッホー」と 10 回繰り返し表示するようにするには，プログラムの何行目をどのように変更すればよいか答えなさい。

② プログラム 7-4 の 07 行目，「for(i= 1; i<= 10; i++)」の部分のみを変更して，1 から 100 までの偶数の合計を求めるプログラムにしなさい。

③ プログラム 7-5 の 08 行目末尾の「{」と 11 行目の「}」を削除し，プログラムを実行した場合，実行結果はどのように表示されるか答えなさい。

④ プログラム 7-5 の 08 行目「for (i= 1; i<= 10; i++)」の継続条件，「i<= 10」を変更することにより，任意の N に対する $N!$ を計算することができる。しかし，変数のオーバーフローが生じるため，サンプルプログラムでは，$N \leq 12$ のみ可能である。13! を正しく計算を

するにはプログラム 7-5 をどのように変更したらよいか答えなさい。

7.3 while 文

7.2 節では，for 文による繰り返し処理を学習した。本節では，for 文と同様に繰り返し処理を制御するための while 文について学んでいく。while 文は，繰り返したい部分で「while」と記述する。while に続くカッコ「(　)」には，継続条件のみを記述する。この部分は，for 文と異なるので注意してもらいたい。続けて繰り返したい処理を記述する。したがって，while 文は以下のような形式になる。

```
while (継続条件) {
    文;
}
```

for 文と同様に，while 文においても繰り返したい処理が複数行ある場合には，以下のように複数の処理をカッコ「{　}」内に記述すればよい。

```
while (継続条件) {
    文 1;
    文 2;
    文 3;
     ⋮
}
```

while 文は，for 文とは異なり，初期化と状態更新を「(　)」の中に記述しないが，記述しなくてよいわけではない。必ずほかの部分に記述しなければならない。通常，初期化は while 文より前に記述し，状態更新は繰り返し処理を行う部分に記述される。したがって，while 文と比べて繰り返し処理が複数行になることが多い。このため while 文は通常，以下のような形式となる。

```
初期化;
while (継続条件) {
    文 1;
    文 2;
    文 3;
     ⋮
    状態更新;
}
```

このように記述した場合，while 文の処理の流れは for 文と同様に，図 7.2 のようになる。for 文で実現できることは，while 文でも実現することができる。プログラム 7-1 とまったく同じ処理を while 文を用いて記述したプログラム 7-6 を示す。

—— **プログラム 7-6** (「ヤッホー」と 5 回繰り返すプログラムの例 (EchoWhile.java)) ——

```
01 class EchoWhile {
02     public static void main(String[] args) {
03         int i; // 繰り返しのための変数
04
05         i = 0;              i を初期化する。
06         while (i<5) {       i が 5 未満の間繰り返す。
07             System.out.println("ヤッホー");   「ヤッホー」と表示する。
08             i++;            i を 1 増やす。
09         }
10     }
11 }
```

プログラム 7-6 では，05 行目において，変数 i の初期化を行っている。06 行目の while 文において，継続条件は「変数 i が 5 未満」である。繰り返される処理は，07, 08 行目である。07 行目では「ヤッホー」と表示し，08 行目では状態更新として，「変数 i の値がインクリメント」，すなわち，変数 i に 1 が加算されている。前述のとおり，while 文ではカッコ「( )」内に継続条件しか記述することができないため，初期化や状態更新は別の場所に記述する必要がある。プログラム 7-6 では，05 行目と 08 行目にあたる。特に，08 行目の状態更新は忘れやすいので注意が必要である。08 行目を記述し忘れた場合，変数 i の値は変化しないため，つねに 5 未満である。すなわち，「i< 5」という継続条件はつねに真であるため，処理は無限に繰り返される。

7.4 do〜while 文

前節までに，for 文や while 文による繰り返し文を学んだ。本節では，do〜while 文を学ぶことにする。do〜while 文も，これまで学んだ繰り返し文と同様に継続条件が真であり続ける限り繰り返される。do〜while 文は，通常以下のような形式で記述される。do〜while 文では，継続条件を記述する「( )」の後にセミコロン「；」が必要なので，忘れないようにしてもらいたい。

```
do {
    文 1;
    文 2;
    文 3;
     :
} while(継続条件);
```

do〜while 文においても，while 文と同様に，初期化は do 以前に記述し，状態更新はカッコ「{ }」内に記述するので，以下のような形式となる。

```
初期化;
do {
    文 1;
    文 2;
    文 3;
     :
    状態更新;
} while(継続条件);
```

do～while 文と for 文や while 文には，決定的な違いがある。それは，いつ条件式が判定されるかである。図 **7.3** に，while 文の制御ダイアグラムを示す。

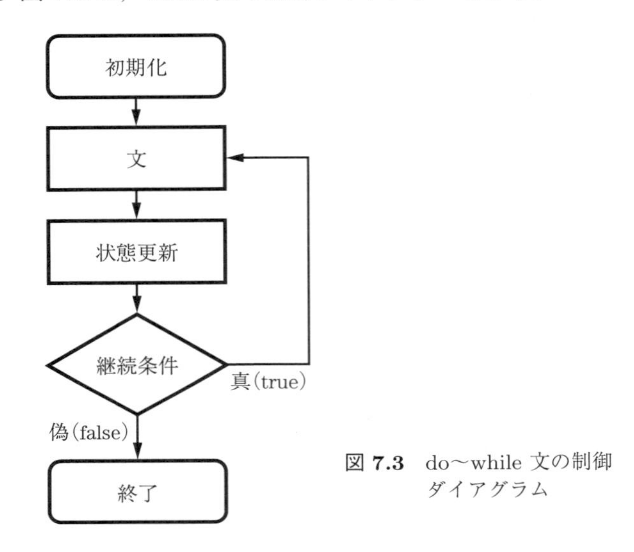

図 **7.3**　do～while 文の制御ダイアグラム

プログラム 7-7（「ヤッホー」と 5 回繰り返すプログラムの例 (EchoDoWhile.java)）

```
01 class EchoDoWhile {
02     public static void main(String[] args) {
03         int i; // 繰り返しのための変数
04
05         i = 0;                                  ← i を初期化する。
06         do {
07             System.out.println("ヤッホー");      ← 「ヤッホー」と表示する。
08             i++;                                ← i を 1 増やす。
09         } while (i<5);
10     }                                           ← i が 5 未満の間繰り返す。
11 }
```

図 7.3 と図 7.2 を比較してもらいたい。図 7.3 をみると，まず初期化が行われ，その後，継続条件の評価の前に処理が行われているのがわかる。したがって，どのような初期化においても，少なくとも 1 回は処理が実行される。よって，たとえプログラム 7-7 の 05 行目の初期化を「 i= 5; 」と変更したとしても，1 回は「ヤッホー」と表示される。

しかし，for 文や while 文では，図 7.2 からわかるように，繰り返しの処理を行う際，まず初期化が行われ，その後継続条件が評価され，継続するかどうかが判定される。したがって，for 文や while 文では初期化の設定により，処理が行われないことがある。例えば，プログラム 7-1 や 7-6 の 5 (05) 行目の「 i= 0; 」を「 i= 5; 」に変更した場合，プログラム 7-1 の 5 行目，プログラム 7-6 の 06 行目に記述されている継続条件「 i< 5; 」は偽である。したがって，繰り返し文内の処理は実行されない。

アクティブラーニング 7.2

① プログラム 7-6 において，05 行目の「 i= 0; 」を「 i= 10; 」に変更した場合の実行結果を答えなさい。

② プログラム 7-7 において，05 行目の「 i= 0; 」を「 i= 10; 」に変更した場合の実行結果を答えなさい。

③ プログラム 7-6 や 7-7 において，08 行目に記述されている変数 i の状態更新を記述し忘れ，プログラムを実行した場合，何が起こるか説明しなさい。

④ プログラム 7-6 や 7-7 において，08 行目に記述されている変数 i の状態更新を「 i+ = 2; 」のように書き換えた場合，実行結果がどのように変化するか答えなさい。

7.5 文のネスト

第 6 章で学んだ条件文や本章で学んできた繰り返し文は，**入れ子** (**ネスト**: nest) にすることができる。例えば，for 文をネストすることで，2 重ループ (double loop) を実現することができる。for 文を用いた 2 重ループは，以下のように記述する。

```
for (初期化 1; 継続条件 1; 状態更新 1) {
    for (初期化 2; 継続条件 2; 状態更新 2) {
        文 1;
```

```
            ⋮
        }
}
```

以下に，for 文を用いた 2 重ループのプログラム 7-8 を示す。

プログラム 7-8 (2 重ループのプログラムの例 (DoubleLoop.java))

```
01 class DoubleLoop {
02     public static void main(String[] args) {
03         int i, j; // 繰り返しのための変数
04
05         System.out.println("i j");          ← i j と表示する。
06         for (i=0; i<3; i++) {               ← i を 0 から 2 まで 1 ずつ増やす。
07             for (j=0; j<2; j++) {           ← j を 0 から 1 まで 1 ずつ増やす。
08                 System.out.println(i + " " + j);   ← i と j の値をを表示する。
09             }
10         }
11     }
12 }
```

プログラム 7-8 では，06 行目に記述されている外側の for 文において，変数 i が 0，1，2 と変化する。変数 i が各値のときに，07 行目に記述されている内側の for 文によって，変数 j の値が 0，1 と変化する。したがって，プログラム 7-8 を実行すると，以下実行結果 7-8 が得られる。

実行結果 7-8

```
i j
0 0
0 1
1 0
1 1
2 0
2 1
```

実行結果 7-8 は，左が変数 i の値，右が変数 j の値を表示している。

もちろん，さらに for 文をネストすることで，3 重ループ，4 重ループなどの多重ループを実現することが可能である。for 文の中にネストすることができるのは，繰り返し文のみではない。6 章で学んだ条件文をネストすることも可能である。例えば，if 文をネストする場合，以下のように記述する。

```
for (初期化; 継続条件; 状態更新) {
    if (条件) {
        文 1;
    } else {
        文 2;
    }
}
```

プログラム 7-9 に，if 文をネストし，1 から 10 までの奇数の和と偶数の和をそれぞれ求めるプログラムを示す。

プログラム 7-9 (奇数と偶数の和をそれぞれ求めるプログラムの例 (CalEachSum.java))

```
01 class CalEachSum {
02     public static void main(String[] args) {
03         int i;            // 繰り返しのための変数
04         int osum, esum; // 合計値
05
06         osum = esum = 0;
07         for (i=1; i<=10; i++) {
08             if (i%2==0) {
09                 esum += i;
10             } else {
11                 osum += i;
12             }
13         }
14         System.out.println("osum: " + osum);
15         System.out.println("esum: " + esum);
16     }
17 }
```


プログラム 7-9 では 07 行目の for 文において，変数 i が 1 から 10 まで変化する。08 行目の if 文により，変数 i が偶数の場合，変数 i の値が変数 esum に加えられる。また，11 行目の else により，変数 i が奇数の場合の制御が行われている。変数 i が奇数の場合には，変数 osum に変数 i の値が加えられる。実行結果 7-9 は，以下のようになる。

実行結果 7-9

```
osum: 25
esum: 30
```

実行結果 7-9 は，25 が奇数の和，30 が偶数の和である。

アクティブラーニング 7.3

① プログラム 7-8 の実行結果をみると，6 回繰り返し処理が行われていることがわかる。07 行目の「for (j= 0; j< 2; j++)」を「for (j=i+1; j< 2; j++)」のように変更すると，何回繰り返し処理が行われるか答えなさい。また，実行結果がどのように変化するか答えなさい。

② プログラム 7-9 の 07 行目「for (i= 1; i<= 10; i++)」を「for (i= 2; i<= 10; i+ = 2)」と変更した場合，変数 esum と osum の値は，いくつになるか答えなさい。

esum	
osum	

7.6 break 文

本章では，これまでにさまざまな繰り返し文を学習してきた。ここでは，本章で学んだ for 文，while 文，do〜while 文に加え，6 章で学んだ switch 文の処理を中断するために用いられた break 文を紹介する。break 文が，for 文などの繰り返し文で一度呼び出されると，それ以降の処理は実行されず，繰り返し処理を中断することができる。

以下に，break 文を while 文の中で使用する例を示す。プログラム 7-10 は，プログラム 7-6 を break 文を用いて記述したものである。したがって，実行結果はプログラム 7-6 と同様になる。

プログラム 7-10（「ヤッホー」と 5 回繰り返すプログラムの例 (EchoWhileBreak.java)）

```
01 class EchoWhileBreak {
02     public static void main(String[] args) {
03         int i; // 繰り返しのための変数
04
05         i = 0;                              ← i を初期化する。
06         while (true) {                      ← 無限に繰り返す。
07             if (i==5) {                     ← i が 5 の場合
08                 break;                      ← while による繰り返しを中断する。
09             }
10             System.out.println("ヤッホー"); ← 「ヤッホー」と表示する。
11             i++;                            ← i を 1 増やす。
12         }
13     }
14 }
```

プログラム 7-10 では，05 行目において変数 i の値が 0 に初期化されている。続く 06 行目の while 文では，条件が「true」となっている。したがって，継続条件がつねに真であるので，無限に処理が繰り返される。しかし，07 行目に if 文が記述されている。この if 文は変数 i が 5 と一致した場合のみ実行される。変数 i が 5 の場合に break 文が実行されることにより，while 文による繰り返し処理が終了する。while 文の際にも言及したが，11 行目の変数 i の更新を忘れた場合，変数 i の値は永久に 0 のままである。この場合，08 行目の if 文の条件は真にならず，break 文が実行されることはない。したがって，無限に「ヤッホー」が繰り返されてしまうので注意してもらいたい。さらに，プログラム 7-10 の場合，変数 i を 6 以上に初期化した場合にも，やはり無限に「ヤッホー」と繰り返されてしまう。なぜならば，プログラム 7-10 における状態更新は，変数 i のインクリメント，すなわち，1 の加算であるため，変数 i が 5 になることはないためである。もし，誤ってこのようなプログラムを実行してしまった場合，ターミナルにおいて,「Ctrl-C」(Ctrl と C を同時に) キーを押すと，プログラムを終了することができるので覚えておくとよい。

7.7 continue 文

break 文は，実行された場合にその場でただちに for 文，while 文，do〜while 文などの繰り返し文や switch 文を中断し，抜けることができる制御文であった。continue 文は，その意味のとおり，継続させるものである。continue 文の動作を理解するために，プログラム 7-11 を用意した。

— **プログラム 7-11** (「ヤッホー」と 5 回繰り返すプログラムの例 (EchoForContinue.java)) —

```
01 class EchoForContinue {
02     public static void main(String[] args) {
03         int i; //繰り返しのための変数
04 
05         for (i=1; i<=5; i++) {      ← i は 1 から 5 まで 1 ずつ増える。
06             System.out.println(i + " (前)");
07             if (i>2) {              ← i が 2 より大きい場合
08                 continue;           ← 以下を実行しない。
09             }
10             System.out.println(i + " (後)");
11         }
12     }
13 }
```

プログラム 7-11 の実行結果を以下に示す。

実行結果 7-11

```
1 (前)
1 (後)
2 (前)
2 (後)
3 (前)
4 (前)
5 (前)
```

この実行結果 7-11 から，変数 i が 2 より大きい場合，プログラム 7-11 の 10 行目に記載されている「System.out.println(i + " (後)"); 」が実行されていない。これは，07 行目の条件文により，08 行目の continue 文が実行されたためである。このプログラム 7-11 の実行結果 7-11 からわかるように，continue 文を用いた場合，break 文のように繰り返し文を終了することはないが，break 文を用いた場合とは異なり，continue 文が実行された後の処理はすべて無視されるものの，繰り返し文は継続する。したがって，変数 i が 2 より大きな場合，continue 文より前に記述された処理しか実行されないのである。しかし，繰り返し文を抜けるわけではないので，continue 文より前に記述されている 6 行目の「System.out.println(i + ” (前)”); 」は，実行結果 7-11 のように 5 回実行される。

アクティブラーニング 7.4

① プログラム 7-10 は，06 行目の継続条件を変更し，07〜09 行目を削除することで，まったく同じ動作をするプログラムにすることができる。06 行目の継続条件をどのように変更したらよいか答えなさい。

② プログラム 7-11 において，07 行目の条件式「i> 2」を「i%3 == 0」と変更した場合，実行結果がどのように変化するか答えなさい。

演 習 問 題

7.1　1 から 8 までの積（8 の階乗）を求めるプログラムを for 文を用いて作成せよ。

［解答欄］

7.2　1 から 100 までの和を求めるプログラムを while 文を用いて作成せよ。

［解答欄］

7.3　1 から 1000 までの和を求めるプログラムを do〜while 文を用いて作成せよ。

［解答欄］

7.4　タブ「\t」を使って，つぎのように九九の表を画面に出力するプログラムを作成せよ。

実行結果

```
1	2	3	4	5	6	7	8	9
2	4	6	8	10	12	14	16	18
3	6	9	12	15	18	21	24	27
4	8	12	16	20	24	28	32	36
5	10	15	20	25	30	35	40	45
6	12	18	24	30	36	42	48	54
7	14	21	28	35	42	49	56	63
8	16	24	32	40	48	56	64	72
9	18	27	36	45	54	63	72	81
```

［解答欄］

7.5　0 から 10 までの偶数をすべて出力するプログラムを作成せよ。

［解答欄］

7.6　0 から 10 までの奇数をすべて出力するプログラムを作成せよ。

［解答欄］

7.7　以下の漸化式における a_{10} の値を求め，出力するプログラムを作成せよ。

$$a_n = 2a_{n-1} + 1 \quad (n \geqq 1)$$

$$a_0 = 3$$

［解答欄］

7.8　整数 284 の約数をすべて求めるプログラムを作成せよ。

［解答欄］

7.9　2 から 1000 までの素数をすべて求めるプログラムを作成せよ。

［解答欄］

7.10　整数 220 を素因数分解するプログラムを作成せよ。

［解答欄］

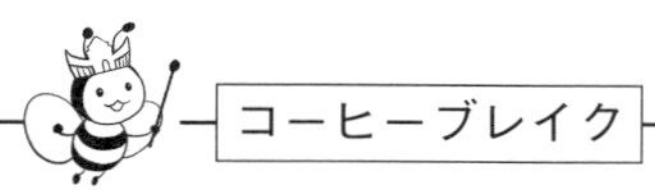

Q太：「わぁ〜」
A子：「わっ，びっくりした。どうしたの？」
Q太：「文字がどわ〜っと出て，パソコンが止まらないんだ。」
ハチ王子先生：「２人とも，どうしたんだい？」
A子：「あっ，ハチ王子先生。Q太のパソコンが大変なんです。」
ハチ王子先生：「これは無限ループだね。Q太くん，“Ctrl” と “C” を同時に押してごらん。」
Q太：「あっ，止まった !! よかった〜。」
ハチ王子先生：「今みたいなときのために，“Ctrl+C” を覚えておくとよいよ。」
Q太：「はい。そういえば，無限ループってどういうことですか？」
ハチ王子先生：「どんなプログラムを書きたかったんだい？」
Q太：「ゲームソフトを買おうと思って。10000円が貯まるまで，毎日300円ずつ貯金するっていうのをシミュレーションするプログラムです。ソースはこんな感じです。」

プログラム 7-12 (Q太のプログラム (SaveMoney.java))

```
01 class SaveMoney {
02     public static void main(String[] args) {
03         int money = 0;
04 
05         while (money!=10000) {
06             money += 300;
07             System.out.println("現在の貯金額は" + money + "円です。");
08         }
09     }
10 }
```

ハチ王子先生：「どうやら，05行目の継続条件が悪いみたいだね。」
A子：「そうか。“money! = 10000” だからいけなかったんだ。」
Q太：「どういうこと？」
A子：「変数moneyは最初0から始まって，300ずつ増るよね。だから，iの値は？」
Q太：「0，300，600，900...，あっ !! 」
ハチ王子先生：「そういうこと。この場合，iは絶対に10000ぴったりにはならないね。こんなふうに繰り返し文は，初期化や終了条件，状態更新を慎重に考えて書かないと無限に繰り返しちゃうんだ。」
A子：「Q太の貯金は，一生続くってことですね。」
Q太：「…。」

8 配　　　列

ここまでの章では，値を変数に格納し，計算や表示に利用してきた。しかし，同じようなデータをたくさん扱うような場合に，変数を一つずつ用意するという方法では，プログラムは複雑で読みにくいものになってしまう。この章では，同じ型の値をまとめて扱う際に便利な**配列** (array) について学ぶ。

8.1 配列とは

3 人のテストの点数の合計と平均点を求めるプログラムを考えてみよう。

プログラム 8-1 (平均点を求めるプログラム (Average.java))

```
01 class Average{
02     public static void main(String[] args){
03         int score1 = 53;
04         int score2 = 85;
05         int score3 = 72;
06 
07         int sum = score1 + score2 + score3;
08         double average = sum/3.0;
09 
10         System.out.println("合計 : " + sum + "点");
11         System.out.println("平均 : " + average + "点");
12     }
13 }
```

プログラム 8-1 では，3 人のテストの点数を score1, score2, score3 に代入し，合計点 (sum) と平均点 (average) を求めている。テストを受けた人数が 3 人ならばこれでもいいように思えるかもしれないが，人数が 100 人になったら score1〜score100 までの 100 個の変数を用意する必要があり，合計点 (sum) を求めるコードは

```
sum = score1 + score2 + ... + score100;
```

と非常に長いものになってしまう。

このような場合には，同じ型の値を複数まとめて扱うことのできる配列という考え方を使うとよい。

配列は，同じ名前のつけられた箱 (変数) が並んだようなものであると考えることができ，変数と同じように配列の箱の中にも値を格納して利用することができるようになっている。

配列を使うには，以下の二つの作業を行う必要がある。

(1) 配列の宣言 (配列を扱うための変数を用意する)

(2) 配列要素の確保 (値を格納する箱を用意する)

配列の宣言は

```
型名 [] 配列変数名;
```

のように記述することで行うことができ，int 型の score という名前の**配列変数** (array variable) を宣言する場合には

```
int [] score;
```

となる。

配列要素の確保は

```
配列変数名 = new 型名 [要素数];
```

のように記述することで行うことができる。例えば

```
score = new int[3];
```

のように記述すると，int 型の変数三つ分の領域がメモリ上に確保され，その領域を score が指し示すようになる (図 **8.1**)。

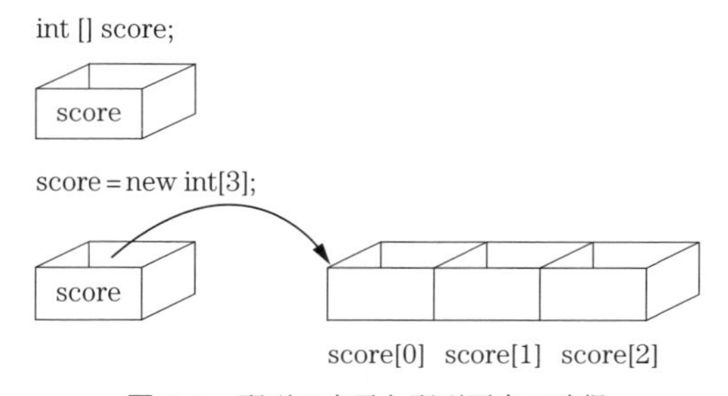

図 8.1　配列の宣言と配列要素の確保

配列要素の確保は値を格納するための箱を指定された数だけ用意することに相当し，箱のことを**要素** (element) と呼ぶ。`new` は新しくメモリを確保するときに用いられる予約語であり,「`new` 型名 [要素数]」で,「型名」で指定された型の変数が「要素数」で指定された個数の分だけ確保されることになる。`new` を使った結果を代入演算子を用いて配列変数に代入することで，配列変数の名前を使って，配列の要素を扱うことができるようになる。なお，配列の要素数のことを配列の**長さ** (length) と呼ぶこともある。

配列の各要素は，score[0], score[1] のように表すことができ，[ ] の番号は**添字** (index) と呼ばれる。配列の要素は 0 から始まるため

```
score = new int[3];
```

のように配列要素を確保した場合には，score[0], score[1], score[2] の三つが使用できることになる。配列の各要素は，変数と同じように値を格納したり，参照したりすることができる。

なお，new 演算子によって配列要素を確保した場合には，**表 8.1** のような値で配列は初期化される。

表 8.1 配列の初期値

配列の型	初期値
整数型 (int, long)	0
浮動小数点型 (double, float)	0.0
char	`\u0000`
boolean	`false`
String	`null`

アクティブラーニング 8.1

int 型の 5 個の要素を扱うことのできる num という配列を使いたいとき，どのように配列の宣言と配列要素の確保を行えばよいか示せ。

アクティブラーニング 8.2

double 型の 10 個の要素を扱うことのできる data という配列を使いたいとき，どのように配列の宣言と配列要素の確保を行えばよいか示せ。

プログラム 8-1 を配列を使って書き直すとプログラム 8-2 のようになる。

プログラム 8-2 (平均点を求めるプログラム (Average2.java))

```
01 class Average2{
02     public static void main(String[] args){
03         int[] score;
04         score = new int[3];
05         score[0] = 53;
06         score[1] = 85;
07         score[2] = 72;
08
09         int sum = 0;
10         for(int i=0; i<score.legnth; i++){
```

```
11            sum += score[i];
12        }
13        double average = (double)sum/score.length;
14
15        System.out.println("合計 : " + sum + "点");
16        System.out.println("平均 : " + average + "点");
17    }
18 }
```

プログラム 8-2 では，03 行目で int 型の score という代入配列変数が宣言され，04 行目で配列要素の確保を行っている。05〜07 行目では，配列の各要素に点数が代入されている。

09〜12 行目では，for 文を使って配列の要素数分だけ繰り返し，score[i] の値を sum に足すことで合計点 (sum) を求めている。なお,「配列変数名.length」で配列の要素数 (長さ) を表すことができ，10 行目の score.length は score という配列の要素の数，つまり 3 を表すことになる。

また，13 行目では，平均値 (average) を求めている。なお，score.length は int 型であるため，平均値を double 型で求めるために sum の前に (double) をつけてキャスト (型変換) を行っている。

プログラム 8-1 では，人数が変わると合計や平均値を求める部分を書き直す必要があったが，プログラム 8-2 では，人数が変わったとしても 09〜13 行目の部分をそのまま利用することができる。

プログラム 8-2 では，配列の宣言と配列要素の確保を別々に行っているが

```
型名 [] 配列変数名 = new 型名 [要素数];
```

のように記述することで，配列の宣言と配列要素の確保を同時に行うこともできる。例えば

```
int[] score = new int[3];
```

のように記述すると，int 型の要素数 3 の score という配列が使えるようになる。

配列の宣言と配列要素の確保を同時に行う方法を用いてプログラム 8-2 を書き直すとプログラム 8-3 のようになる。

プログラム 8-3 (平均点を求めるプログラム (Average3.java))

```
01 class Average3{
02     public static void main(String[] args){
03         int[] score = new int[3];   ←配列の宣言と配列要素の確保
04         score[0] = 53;
05         score[1] = 85;
06         score[2] = 72;
07
08         int sum = 0;
09         for(int i=0; i<score.legnth; i++){
```

```
10          sum += score[i];
11          }
12          double average = (double)sum/score.length;
13
14          System.out.println("合計 : " + sum + "点");
15          System.out.println("平均 : " + average + "点");
16      }
17  }
```

プログラム 8-2 やプログラム 8-3 では配列要素を確保した後で，配列の各要素に値を代入しているが，配列変数の宣言時に初期値のデータを指定することで

```
型名 [] 配列変数名 = new 型名 []{値 1, 値 2,...};
```

または

```
型名 [] 配列変数名 = {値 1, 値 2,...};
```

のように配列を生成することもできる。この方法でプログラム 8-3 を書き直すとプログラム 8-4 のようになる。

プログラム 8-4 (平均点を求めるプログラム (Average4.java))

```
01  class Average4{
02      public static void main(String[] args){
03          int[] score = {53, 85, 72};
04
05          int sum = 0;
06          for(int i=0; i<score.length; i++){
07              sum += score[i];
08          }
09          double average = sum/3.0;
10          System.out.println("合計 : " + sum + "点");
11          System.out.println("平均 : " + average + "点");
12      }
13  }
```

アクティブラーニング 8.3

プログラム 8-4 において score.length の値がいくつになっているか答えよ。

アクティブラーニング 8.4

プログラム 8-4 において score[2] の値がいくつになっているか答えよ。

8.2 多次元配列

8.1 節で扱ってきた配列は 1 次元配列という。Java 言語では，2 次元以上の配列 (**多次元配列**) も扱うことができる。

2 次元配列を使用する場合には

```
型名 [] [] 配列変数名;
配列変数名 = new 型名 [要素数] [要素数];
```

または

```
型名 [] [] 配列変数名 = new 型名 [要素数] [要素数];
```

のように配列の宣言と配列要素の確保を行う。

2×3 個の int 型の値を扱うことのできる score という名前の 2 行 3 列の配列を使いたいときには

```
int[][] score;
score = new int[2][3];
```

または

```
int[][] score = new int[2][3];
```

のように記述する。

アクティブラーニング 8.5

10×5 個の int 型の値を扱うことのできる data という配列を使いたいとき，どのように配列の宣言と配列要素の確保を行えばよいか示せ。

アクティブラーニング 8.6

3×4 個の double 型の値を扱うことのできる num という配列を使いたいとき，どのように配列の宣言と配列要素の確保を行えばよいか示せ。

2 人の学生の 3 回分のテストの点数を表示するプログラムを考えてみよう。

プログラム 8-5 (点数の表示プログラム (DisplayScore.java))

```
01 class DisplayScore{
02     public static void main(String[] args){
03         int[][] score = new int[2][3];
04 
05         score[0][0]=53;
06         score[0][1]=85;
07         score[0][2]=72;
08         score[1][0]=63;
09         score[1][1]=55;
10         score[1][2]=93;
11 
12         for(int i=0; i<score.length; i++){
13             for(int j=0; j<score[i].length; j++){
14                 System.out.println((i+1) + "番目の学生の"
15                   + (j+1) + "回目の点数 : " + score[i][j]);
16             }
17         }
18     }
19 }
```

プログラム 8-5 では，03 行目で 2 人の学生の 3 回分のテストの点数を扱うための 2 次元配列を宣言し，配列要素の確保を行っている。05〜10 行目では，配列の各要素に点数が代入されている (**図 8.2**)。

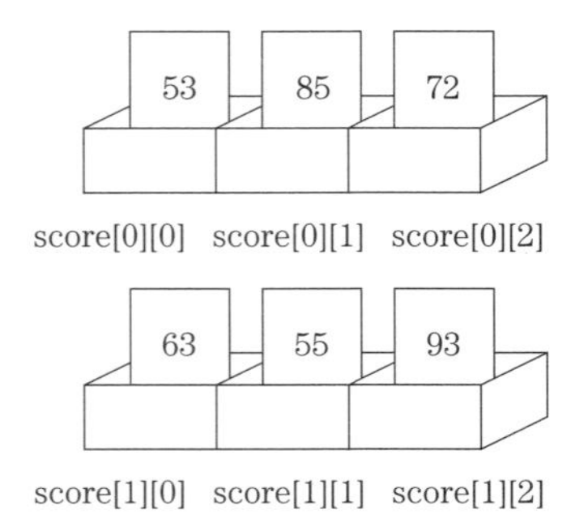

図 8.2　2 次元配列

また，12〜17 行目では，点数を表示している。12 行目の score.length は配列 score 全体の要素数 (行数) である 2 を表している。13 行目の score[i].length は配列 score[i] の要素数 (列数) を表しており，このプログラムでは，score[0], score[1] ともに 3 となる。

2 次元配列においても，1 次元配列と同様，配列変数の宣言時に初期値のデータを指定することで

```
型名 [][] 配列変数名 = new 型名 [][]{{値 11, 値 12,...},{値 21, 値 22,...},...};
```

または

```
型名 [][] 配列変数名 = {値 11, 値 12,...},{値 21, 値 22,...},...};
```

のように配列を生成することもできる。この方法でプログラム 8-5 を書き直すとプログラム 8-6 のようになる。

プログラム 8-6 (点数の表示プログラム (DisplayScore2.java))

```
01 class DisplayScore2{
02     public static void main(String[] args){
03         int[][] score = {{53,85,72},{63,55,93}};
04 
05         for(int i=0; i<score.length; i++){
06             for(int j=0; j<score[i].length; j++){
07                 System.out.println((i+1) + "番目の学生の"
08                   + (j+1) + "回目の点数 : " + score[i][j]);
09             }
10         }
11     }
12 }
```

Java 言語の多次元配列では，各要素の数がそろっている必要はないため

```
int[][] score = {{20,30,10},{30,40},{10,10,20,10,5}};
```

のような配列を作成することもできる (**図 8.3**)。

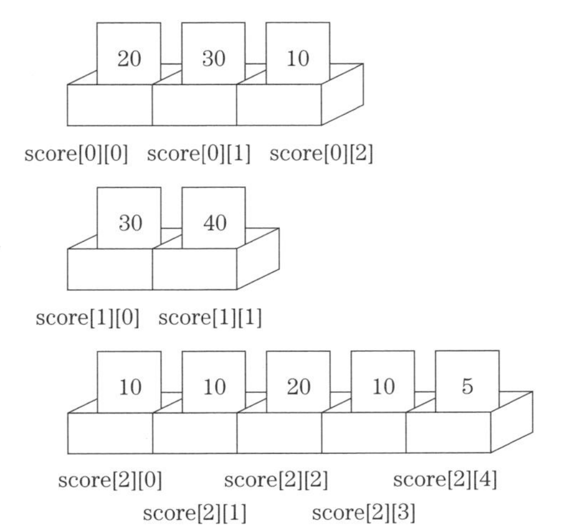

図 8.3　要素数の異なる 2 次元配列

プログラム 8-7 は，3 回のテストにおける各問題の点数を表示するプログラムである。

プログラム 8-7 (点数の表示プログラム (DisplayScore3.java))

```
01 class DisplayScore3{
02     public static void main(String[] args){
03         int[][] score = {{20,30,10},{30,40},{10,10,20,10,5}};
04 
05         for(int i=0; i<score.length; i++){
06             System.out.println((i+1) + "回目のテスト");
07             for(int j=0; j<score[i].length; j++){
08                 System.out.println("("+(j+1) + ") "
09                   + score[i][j] + "点");
10             }
11         }
12     }
13 }
```

プログラム 8-7 では，03 行目で 3 回のテストの各問題の点数を扱うための score という 2 次元配列の宣言と初期化を行い，05～11 行目で，点数の表示を行っている。

アクティブラーニング 8.7

プログラム 8-7 において score.length の値がいくつになっているか答えよ。

アクティブラーニング 8.8

プログラム 8-7 において score[0].length, score[1].length, score[2].length の値がいくつになっているか答えよ。

score[0].length	
score[1].length	
score[2].length	

8.3 配 列 変 数

配列変数は配列を扱う際に最初に用意する変数であり，new 演算子を使って配列要素を確保し，配列変数に代入することで配列を扱うことができるようになる。配列変数は，配列要素がメモリのどこにあるかを管理する変数であり，配列の実体が格納されている番地への参照情報が格納されている。

配列変数を別の配列変数に代入するとどのようなことが行われるのか，プログラム 8-8 を実行して確認してみよう。

プログラム 8-8 (配列変数の代入 (ArrayVariCopy.java))

```
01 class ArrayVariCopy{
02     public static void main(String[] args){
03         int[] score = {80,50,75};
04         int[] test;            // 配列変数 test を宣言
05 
06         test = score;          // 配列変数 score を配列変数 test に代入
07 
08         test[1]=60;
09         System.out.println("[score]");
10         for(int i=0; i<score.length; i++){
11             System.out.println(score[i]);
12         }
13         System.out.println("[test]");
14         for(int i=0; i<test.length; i++){
15             System.out.println(test[i]);
16         }
17     }
18 }
```

プログラム 8-8 では，03 行目で score という配列を宣言し，80, 50, 75 という値で初期化している。04 行目で test という配列変数を宣言し，06 行目で配列変数 score を配列変数 test に代入している。配列変数を別の配列変数に代入すると，配列への参照情報がコピーされる。配列変数 score が配列 test にコピーされると，score の配列の実体が test という別の配列変数からも参照できるようになる。つまり，score という配列に test という別の名前をつけたような状態になるのである (**図 8.4**)。

08 行目において，test[1] に 60 を代入した後で 09〜16 行目で score[i] と test[i] (i=0〜2) の値を表示している。08 行目では test[1] に 60 が代入されているが，test と score という二つの配列変数は同じ配列を指し示しているため，score[1] の値も 50 ではなく 60 と表示されることになる。

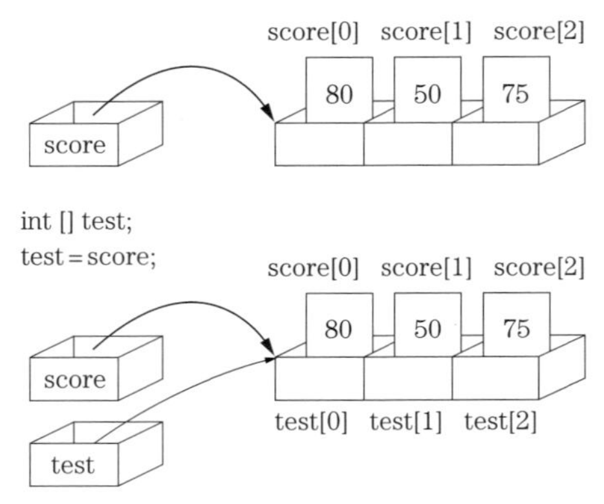

図 8.4　配列変数の代入

アクティブラーニング 8.9

プログラム 8-8 において 08 行目を「`// test[1]=60;`」のようにコメントアウトした場合，出力がどのようになるか考えよ。

アクティブラーニング 8.10

プログラム 8-8 において score.length と test.length の値がいくつになっているか答えよ。

score.length	
test.length	

演　習　問　題

8.1　プログラム 8-9 について以下の問に答えよ。

プログラム 8-9 (最大値を求めるプログラム (Max.java))

```
01 class Max{
02     public static void main(String[] args){
```

```
03            int[] data = {58,90,30,53,23,84};
04
05            int data_max = data[0];
06            for(int i=0; i<data.length; i++){
07                if(                              ){
08                    data_max = data[i];
09                }
10            }
11            System.out.println(data_max);
12        }
13    }
```

(1)　プログラム 8-9 は，配列 data の要素の中から最大値を求めるプログラムである。空欄を埋めてプログラムを完成させよ。

［07 行目の空欄に入るコード］

(2)　05 行目では `data_max` を `data[0]` の値で初期化しているが，正しく最大値を求めることができる初期化の方法がほかにもいくつもある。以下のうち，05 行目と置き換えることができないものはどれか。また，その理由も述べよ。なお，data の配列に 03 行目と違う値が格納されていた場合に正しく最大値が求められない場合は「置き換えることができない」ものとする。

(a) `data_max = data[3];`

(b) `data_max = data[data.length];`

(c) `data_max = data[data.length-1];`

(d) `data_max = 0;`

(e) `data_max = 100;`

(f) `data_max = -2147483648;`

(g) `data_max = 2147483647;`

［理由］

8.2　プログラム 8-10 は，2 人の学生の 3 回分のテストの合計点と平均点を求めるプログラムである。空欄を埋めてプログラムを完成させよ。

プログラム 8-10 (合計と平均点の計算 (CalcSumAve.java))

```
01 class CalcSumAve{
02     public static void main(String[] args){
03         int[][] score = {{53,85,72},{63,55,93}};
04 
05         int sum = 0;
06         for(                    ){
07             for(                    ){
08                 sum += score[i][j];
09             }
10         }
11         double average = (double)sum/score.length;
12 
13         System.out.println("合計 : " + sum + "点");
14         System.out.println("平均 : " + average + "点");
15     }
16 }
```

[06 行目の空欄に入るコード]

[07 行目の空欄に入るコード]

8.3 プログラム 8-11 は，2 人の学生の 3 回分のテストの点数のデータから，各回の平均点を求めるプログラムである。空欄を埋めてプログラムを完成させよ。

プログラム 8-11 (各回の平均点の計算 (CalcAve.java))

```
01 class CalcAve{
02     public static void main(String[] args){
03         int[][] score = {{53,85,72},{63,55,93}};
04 
05         int[] sum = new int[score[0].length];
06 
07         for(                    ){
08             for(                    ){
09                                     += score[i][j];
10             }
11         }
12 
13         double[] average = new double[score[0].length];
14         for(int j=0; j<score[0].length; j++){
15             average[j] =                    ;
16             System.out.println((j+1) + "回目のテスト : " + average[j] + "点");
17         }
18     }
19 }
```

[07 行目の空欄に入るコード]

[08 行目の空欄に入るコード]

［09 行目の空欄に入るコード］

［15 行目の空欄に入るコード］

8.4　プログラム 8-12 は，2 人の学生の 3 回分のテストの点数のデータから，各学生の 3 回のテストの合計点を求めるプログラムである。空欄を埋めてプログラムを完成させよ。

プログラム 8-12 (各学生の合計点の計算 (CalcSum.java))

```
01 class CalcSum{
02     public static void main(String[] args){
03         int[][] score = {{53,85,72},{63,55,93}};
04
05         int[] sum = new int[score.length];
06         for(                              ){
07             for(                              ){
08                                               += score[i][j];
09             }
10         }
11
12         for(int i=0; i<score.length; i++){
13             System.out.println((i+1) + "番目の学生 : " + sum[i] + "点");
14         }
15     }
16 }
```

［06 行目の空欄に入るコード］

［07 行目の空欄に入るコード］

［08 行目の空欄に入るコード］

9　メソッド

この章では，メソッドの仕組みと使い方について学ぶ。

9.1　メソッドの基本

9.1.1　メソッドの仕組み

まずはじめに，メソッドの仕組みをイメージでつかんでほしい。つぎの二つの例は，いずれも同じ実行結果が得られるもので，メソッドを用いないプログラム 9-1 と用いたプログラム 9-2 である。

プログラム 9-1 (メソッドを用いない例 (A.java))

```
01 class A {
02     public static void main(String[] args){
03         System.out.println("いらっしゃいませ");
04         System.out.println("大人は 800 円です");
05         System.out.println("子供は 400 円です");
06         System.out.println("もう一度");
07         System.out.println("いらっしゃいませ");
08         System.out.println("大人は 800 円です");
09         System.out.println("子供は 400 円です");
10     }
11 }
```

プログラム 9-1 の 03〜05 行と 07〜09 行では，同じ処理を行っている。これをメソッドを用いて記述するとプログラム 9-2 のようになる。

プログラム 9-2 (メソッドを用いた例 (B.java))

```
01 class B {
02     public static void main(String[] args){
03         writeMessage();                      用意したメソッドを使う
04         System.out.println("もう一度");
05         writeMessage();                   用意したメソッドを使う
06     }
07
08     public static void writeMessage() {       メソッドを用意する
09         System.out.println("いらっしゃいませ");
10         System.out.println("大人は 800 円です");
11         System.out.println("子供は 400 円です");
12         return;
```

```
13     }
14 }
```

メインメソッドとは別（メインメソッドの外）に，”いらっしゃいませ”，”大人は 800 円です”，”子供は 400 円です”を出力する処理をまとめた writeMessage() メソッドを用意する（08〜13 行目）。そしてその処理を行いたい箇所に writeMessage() と記述する（03, 05 行目）と，writeMessage() メソッド内に記述された処理が行われる。これがメソッドの仕組みである。このようにメソッドでは，一定の処理をまとめて実行することができる。

9.1.2 メソッドの定義と呼び出し

プログラム 9-2 の例のように，一定の処理をまとめメソッドとして用意することを**メソッドの定義**，処理を行いたい箇所でメソッド名を記述することを**メソッドの呼び出し**という。メソッドを用いるにはこの二つが必要となる。

メソッドの定義は

```
public static void <メソッド名>() {
    ...
    return;
}
```

メソッドの呼び出しは

```
<メソッド名>();
```

として行う。メソッドの定義，呼び出し，いずれにおいてもメソッド名の直後には必ず小カッコ「( )」を書く。なお，public や static といったメソッドの修飾子については『アクティブラーニングで学ぶ Java プログラミングの基礎 2』の 2.6 節と 4.6 節を参照してほしい。

アクティブラーニング 9.1

プログラム 9-3 において 1 + 1 を行い表示する writeSumOfOneAndOne() メソッドを定義し，メインメソッドで 1 回呼び出すよう空欄を埋めよ。

プログラム 9-3 (穴埋め問題 (Pra1.java))

```
01 class Pra1 {
02     public static void main(String[] args){
03         [          ];  ← メソッドを呼び出す。
04     }
05
06     [               ] {  ← メソッドを定義する。
07         System.out.println(1+1);
08         return;
09     }
10 }
```

［03 行目の空欄に入るコード］ ＿＿＿＿＿＿＿＿
［06 行目の空欄に入るコード］ ＿＿＿＿＿＿＿＿

9.2 メソッドの引数

9.2.1 引数をもつメソッド

例えばプログラム 9-2 において，呼び出すたびに，値（料金）を設定したい場合，プログラム 9-4 のように引数をもつメソッドを用いる。

プログラム 9-4 (引数をもつメソッドを用いた例 (C.java))

```
01 class C {
02     public static void main(String[] args){
03         writePrice(1000);   ← カッコ内に値を渡して呼び出す。
04     }
05
06     public static void writePrice(int p) {   ← カッコ内に値を受け取る変数を用意する。
07         System.out.println("いらっしゃいませ");
08         System.out.println("大人は" + p + "円です");
09         System.out.println("子供は" + p/2 + "円です");
10         return;
11     }
12 }
```

06 行目の writePrice() メソッドの定義部分で，カッコ内に処理に用いる変数を用意する。ここでは int 型の変数 p が用意されている。メソッド内では，p の値を用いて大人料金と子供料金（大人の半額）を表示するよう記述している。

03 行目のメインメソッド内での呼び出しは，カッコ内に処理に用いたい値を渡し行っている。ここでは 1000 という値である。プログラム 9-4 のように，メインメソッドで

```
writePrice(1000);
```

と定数を渡して呼び出したり

```
int price = 1000;
writePrice(price);
```

と変数を渡して呼び出したりする。ちなみに，メソッド名の直後の小カッコ「(　)」は，引数があるかないかに関わらず必ず書く。

定義部分に記述した p を**仮引数**，呼び出し部分に記述した 1000 や price を**実引数**，仮引数と実引数をまとめて**引数**と呼ぶ。実引数は定数，変数，演算子を含んだ式でも構わないが，仮引数はそれらを受け取る「器」なので，変数でしか記述できない。したがって，プログラム 9-4 において writePrice() メソッドを定義するときに

```
public static void writePrice(1000) {
    ...
}
```

とすると，つぎようなコンパイルエラーとなる。

コンパイル時のエラー表示 1

```
C.java:6 型の開始が不正です。
    public static void writePrice(1000) {
                                    ^
エラー 1 個
```

また，仮引数と実引数の型は同じでなければならない。したがってプログラム 9-4 において writePrice() メソッドを呼び出すときに

```
writePrice(10.5);
```

とすると，writePrice() メソッドの仮引数は int 型であるのに実引数は double 型としているため，つぎのようなコンパイルエラーとなる。

コンパイル時のエラー表示 2

```
C.java:3: writePrice(int) (C 内) を (double) に適用できません。
    writePrice(10.5);
    ^
エラー 1 個
```

アクティブラーニング 9.2

プログラム 9-5 において引数を 2 倍して表示する writeDoubleValue() メソッドを定義し，メインメソッドで 1 回呼び出すよう空欄を埋めよ。

プログラム 9-5 (穴埋め問題 (Pra2.java))

```
01 class Pra2 {
02     public static void main(String[] args){
03         double var = 1.2;
04         [          ];     ← メソッドを呼び出す（実引数は var）。
05     }
06
07     [                ] {  ← メソッドを定義する。
08         System.out.println(v*2);
09         return;
10     }
11 }
```

［04 行目の空欄に入るコード］

［07 行目の空欄に入るコード］

アクティブラーニング 9.3

プログラム 9-6 において引数を名前として自己紹介文を表示する introduce() メソッドを定義し，メインメソッドで 1 回呼び出すよう空欄を埋めよ。

プログラム 9-6 (穴埋め問題 (Pra3.java))

```
01 class Pra3 {
02     public static void main(String[] args){
03         String name = "工科太郎";
04         [          ];      ← メソッドを呼び出す（実引数は name）。
05     }
06 
07     [                    ] {      ← メソッドを定義する。
08         System.out.println("私の名前は" + n + "です");
09         return;
10     }
11 }
```

［04 行目の空欄に入るコード］

［07 行目の空欄に入るコード］

なお引数には，8 章で学んだ配列を定義することもできる。プログラム 9-7 を見てみよう。

プログラム 9-7 (配列を引数にもつメソッドを用いた例 (D.java))

```
01 class D {
02     public static void main(String[] args){
03         int[] prices = {1000, 1800, 2600}; //1 名料金，2 名料金，3 名料金
04         writePrice(prices);      ← 配列変数名（prices）を引数として渡す。
05     }
06 
07     public static void writePrice(int[] p) {      ← 変数名 p という配列で受け取る。
08         System.out.println("いらっしゃいませ");
09         for(int i=0; i<p.length; i++) {
10             System.out.println((i+1) + "名なら" + p[i] + "円です");
11         }
12         return;
13     }
14 }
```

07 行目の writePrice() メソッドの定義部分で，カッコ内に処理に用いる配列変数を用意する。writePrice() メソッドでは，int 型配列 p という配列変数が用意されている。メソッド内

では，配列 p の要素を表示するよう記述している。

04 行目のメインメソッド内での呼び出しは，カッコ内に処理に用いたい配列を変数名 prices として引数を渡し行っている。配列を引数としたメソッドを用いるポイントは，呼び出し時の仮引数を「配列変数名」とすることである。

9.2.2 複数の引数をもつメソッド

プログラム 9-8 のように，引数は複数定義することができる。

プログラム 9-8 (複数の引数をもつメソッドを用いた例 (E.java))

```
01 class E {
02     public static void main(String[] args){
03         int priceAdult = 1000;
04         int priceChild = 600;
05         writePrice(priceAdult, priceChild);   ← カンマ（,）で区切り複数の値を渡す。
06     }
07
08     public static void writePrice(int pA, int pC) {   ← カンマ（,）で区切り複数の引数を定義する。
09         System.out.println("いらっしゃいませ");
10         System.out.println("大人は" + pA + "円です");
11         System.out.println("子供は" + pC + "円です");
12         return;
13     }
14 }
```

writePrice() メソッドは int 型の引数を二つもっている。定義部分，呼び出し部分，いずれも引数の間はカンマ（ , ）で区切ればよい。08 行目の writePrice() メソッドでは，pA と pC の値を用いて大人料金と子供料金を表示するよう記述している。05 行目のメインメソッド内での呼び出しは，カッコ内にカンマ (,) で区切った引数を渡し行っている。

引数をもつメソッドの定義は

```
public static void <メソッド名>(仮引数, 仮引数, … ) {
    ...
    return;
}
```

メソッドの呼び出しは

```
<メソッド名>(実引数, 実引数, … );
```

として行う。

複数の引数を扱う場合，定義するとき・呼び出すときともに引数の型や数だけではなく，記述順も重要となる。例えばプログラム 9-8 において，呼び出すときに実引数を priceAdult(値は 1000), priceChild(値は 600) の順で記述すると，呼び出された writePrice() メソッドでは，この順で pA, pC として受け取ることとなる。

アクティブラーニング 9.4

プログラム 9-9 において二つの引数を足し合わせ表示する addNumbers() メソッドを定義し，メインメソッドで 1 回呼び出すよう空欄を埋めよ。

プログラム 9-9 (穴埋め問題 (Pra4.java))

```
01 class Pra4 {
02     public static void main(String[] args){
03         int var1 = 3;
04         int var2 = 2;
05         [          ];     ← メソッドを呼び出す（実引数は var1, var2）。
06     }
07
08     [                ] {     ← メソッドを定義する。
09         System.out.println(v1 + "+" + v2 + "=" + (v1+v2));
10         return;
11     }
12 }
```

[05 行目の空欄に入るコード]

[08 行目の空欄に入るコード]

アクティブラーニング 9.5

プログラム 9-10 において二つの引数を名前と年齢として自己紹介文を表示する introduce() メソッドを定義し，メインメソッドで 1 回呼び出すよう空欄を埋めよ。

プログラム 9-10 (穴埋め問題 (Pra5.java))

```
01 class Pra5 {
02     public static void main(String[] args){
03         String name = "工科太郎";
04         int age = 18;
05         [          ];     ← メソッドを呼び出す（実引数は name, age）。
06     }
07
08     [                ] {     ← メソッドを定義する。
09         System.out.println("私の名前は" + n + ", " + a + "歳です");
10         return;
11     }
12 }
```

[05 行目の空欄に入るコード]

[08 行目の空欄に入るコード]

9.2.3 引数の型や数によるメソッドの使い分け

同じ機能（例えば足し算）をもつメソッドではあるが，用いるデータの数や型（整数 or 小数）が異なるものを定義する場合，同じメソッド名として定義したほうが実用上明解である。このような必要に応じて，メソッドは引数の数や型を異なるものにすれば同じ名前で定義し，使い分けることができる。

プログラム 9-11 (同じ名前のメソッド使い分ける例 (E.java))

```
01 class F {
02     public static void main(String[] args){
03         int priceAdult = 1000;
04         int priceChild = 600;
05         double priceUsd = 9.80;
06
07         writePrice(priceAdult);                 ← int 型の引数一つ
08         writePrice(priceAdult, priceChild);     ← int 型の引数二つ
09         writePrice(priceUsd);                   ← double 型の引数一つ
10     }
11
12     public static void writePrice(int p) {      ← int 型の引数一つ
13         System.out.println("大人は" + p + "円です");
14         System.out.println("子供は" + p/2 + "円です");
15         return;
16     }
17
18     public static void writePrice(double p) {   ← double 型の引数一つ
19         System.out.println("大人は" + p + "ドルです");
20         System.out.println("子供は" + p/2 + "ドルです");
21         return;
22     }
23
24     public static void writePrice(int pA, int pC) {   ← int 型の引数二つ
25         System.out.println("大人は" + pA + "円です");
26         System.out.println("子供は" + pC + "円です");
27         return;
28     }
29 }
```

いずれの writePrice() メソッドも，引数の値を用いて大人料金と子供料金を表示するよう記述している。注目してほしいのは，それぞれのメソッドで定義されている引数の数と型である。

- 12 行目の writePrice() メソッドは int 型の仮引数一つ
- 18 行目の writePrice() メソッドは double 型の仮引数一つ
- 24 行目の writePrice() メソッドは int 型の仮引数二つ

メインメソッドでは，07～09 行目で writePrice() メソッドを呼び出しているが，上の三つの writePrice() メソッドのうち，それぞれどの writePrice() メソッドを呼び出しているだろ

うか。呼び出すときの実引数を見てみよう。

- 07 行目の writePrice() メソッドは int 型の実引数一つ
- 08 行目の writePrice() メソッドは int 型の実引数二つ
- 09 行目の writePrice() メソッドは double 型の実引数一つ

であるから，これらを照らし合わせると

- 07 行目の writePrice() メソッドは 12 行目
- 08 行目の writePrice() メソッドは 24 行目
- 09 行目の writePrice() メソッドは 18 行目

の writePrice() メソッドをそれぞれ呼び出していることがわかる。このように，同じ名前で引数の数や型を異なるものにしてメソッドを定義することを，メソッドの**オーバーロード**という。

アクティブラーニング 9.6

プログラム 9-12 においてメインメソッド内で呼び出した 07～09 行目の printNumber() メソッドは，12, 17, 22 行で定義したどの printNumber() メソッドを呼び出しているのか考えよ。

プログラム 9-12 (考える問題 (Pra6.java))

```
01 class Pra6 {
02     public static void main(String[] args){
03         int var1 = 3;
04         int var2 = 4;
05         double var3 = 1.2;
06 
07         printNumber(var1, var2);
08         printNumber(var3);
09         printNumber(var2, var3);
10     }
11 
12     public static void printNumber(int v1, double v2) {
13         System.out.println(v1 + ", " + v2);
14         return;
15     }
16 
17     public static void printNumber(int v1, int v2) {
18         System.out.println(v1 + ", " + v2);
19         return;
20     }
21 
22     public static void printNumber(double v) {
23         System.out.println(v);
24         return;
25     }
26 }
```

[07 行目] ______

[08 行目] ______

[09 行目] ______

9.3 メソッドの戻り値

9.3.1 戻り値を返すメソッド

メソッドの引数に続き，メソッドの戻り値について学ぶ。さっそく戻り値を返すメソッドを用いた例を見てみよう。これまでのプログラム (例えばプログラム 9-2) と違うのはどこだろうか。

プログラム 9-13 (戻り値を返すメソッドを用いた例 (G.java))

```
01 class G {
02     public static void main(String[] args){
03         int ans = squareTwo();       ← メソッドを呼び出して ans に代入？
04         System.out.println(ans);
05     }
06
07     public static int squareTwo() {  ← void ではなく int？
08         int a = 2*2;
09         return a;                    ← return の後に値 (a)？
10     }
11 }
```

squareTwo() メソッドでは，どのような処理が記述されているだろうか。08 行目で int 型の変数 a に 2 の 2 乗 (2*2) を代入した後，09 行目で a を return(返る，戻る) としている。戻り値を返すメソッドは，呼び出されると return の後に記述された値を呼び出した元へと返す。つまり，03 行目でメインメソッド内において squareTwo() メソッドを呼び出すと，呼び出された 07 行目の squareTwo() メソッドでは，a の値 (4) を 03 行目の呼び出した元へと返し，int 型の変数 ans に代入しているのである。ちなみに呼び出し元に返ってきた戻り値は，03, 04 行目のように一度変数に代入する必要はなく

```
System.out.println(squareTwo());
```

としてもよい。このように，メソッドが呼び出し元へと返す値を，メソッドの**戻り値**と呼ぶ。プログラム 9-13 の 06 行目のように，戻り値を返すメソッドの定義部分では，メソッド名の前に戻り値の型を記述する。

つまり戻り値を返すメソッドの定義は

```
public static <戻り値の型> <メソッド名>() {
    ...
    return <戻り値>;
}
```

となる。void とは「何もない」の意であり，戻り値を返さない (戻り値が void 型の) メソッドはメソッド名の前に void と記述する。また < 戻り値 > の部分は

```
return 2;
```

や

```
return a*a;
```

のように，定数，変数，演算子を含んだ式でも構わないが，return の後に記述する値の型は定義部分の型と一致していなければならない。したがって，プログラム 9-13 において squareTwo() メソッドで

```
public static int squareTwo() {
    double a = 2*2;
    return a;
}
```

と記述した場合，定義した戻り値の型 (int) と return の後に記述されている値の型 (double) が一致していないため，つぎのようなコンパイルエラーとなる。

コンパイル時のエラー表示

```
C.java:9: 精度が落ちている可能性
検出値 : double
期待値 : int
    return a;
           ^
エラー 1 個
```

ただし，プログラム 9-13 において squareTwo() メソッド内で

```
public static double squareTwo() {
    int a = 2*2;
    return a;
}
```

と記述した場合は，int 型の戻り値を double 型の変数 ans に代入しているので，定義した戻り値の型 (double) と return の後に記述されている値の型 (int) は一致していないが，より小さな型 (int) からより大きな型 (double) への変換は自動的に行われるため，コンパイルエラーとならない。5.4 節の異なる型どうしの演算を参照してほしい。

アクティブラーニング 9.7

プログラム 9-14 において 2 の 3 乗を戻り値として返す cubeTwo() メソッドを定義し，メインメソッドで 1 回呼び出すよう空欄を埋めよ。

プログラム **9-14** (穴埋め問題 (Pra7.java))

```
01 class Pra7 {
02     public static void main(String[] args){
03         int ans = [          ];
04         System.out.println(ans);
05     }
06
07     [                    ] {
08         [        ] 2*2*2;
09         }
10 }
```

メソッドを呼び出し戻り値を ans に代入する。
int 型の戻り値を返すメソッドを定義する。
戻り値を返す。

[03 行目の空欄に入るコード]

[07 行目の空欄に入るコード]

[08 行目の空欄に入るコード]

9.3.2 引数と戻り値をもつメソッド

当然のことながら，メソッドは引数と戻り値を同時にもつことができる。本章のまとめとして，引数と戻り値をもつメソッドを用いたプログラム 9-15 を見てみよう。

プログラム **9-15** (引数と戻り値をもつメソッドを用いた例 (H.java))

```
01 class H {
02     public static void main(String[] args){
03         int priceAdult = 1000;
04         double rate = 0.8;
05         int priceChild = calcPrice(priceAdult, rate);
06         System.out.println("大人は" + priceAdult + "円です");
07         System.out.println("子供は" + priceChild + "円です");
08     }
09
10     public static int calcPrice(int pA, double r) {
11         return (int)(pA*r);
12     }
13 }
```

引数二つ (int, double)
戻り値 (int) と引数二つ (int, double) をもつメソッド
戻り値を返す。

calcPrice() メソッドは int 型の引数と double 型の引数二つをもっている。10〜12 行目の calcPrice() メソッドでは，pA と r の値を用いて子供料金を計算し，戻り値として返すよう記述している。ここで，戻り値として返す pA*r は int 型と double 型の値の演算であり結果は double 型となるが，10 行目の定義部分にあるように，戻り値は int 型でなければならない。したがって 11 行目では，キャスト演算子を用いて int 型に変換した後，05 行目の呼び出した元へと返し，int 型の変数 priceChild に代入しているのである。

05 行目のメインメソッド内での呼び出しは，カッコ内に priceAdult(int 型) と rate(double

型) を引数として渡し行っている。

ここまでのメソッドの定義をまとめると

```
public static <戻り値の型> <メソッド名>(仮引数リスト) {
    ...
    return <戻り値>;
}
```

呼び出しは

```
<メソッド名>(実引数リスト)
}
```

となる。引数を持たない場合には仮引数リストと実引数リストは省略し，戻り値を持たない場合には void とする。

アクティブラーニング 9.8

プログラム 9-16 において，第 1 引数を第 2 引数で割った商を小数で計算し戻り値として返す devide() メソッドを定義し，メインメソッドで 1 回呼び出すよう空欄を埋めよ。

プログラム 9-16 (穴埋め問題 (Pra8.java))

```
01 class Pra8 {
02     public static void main(String[] args){
03         double var1 = 6;
04         double var2 = 1.2;
05         double ans = [          ];
06         System.out.println(var1 + "÷" + var2 + "=" + ans);
07     }
08
09     [                    ] {
10         [          ] v1/v2;
11     }
12 }
```

（05行目）メソッドを呼び出す（実引数は var1，var2）。
（09行目）戻り値（double）と引数二つ（double）をもつメソッドを定義する。
（10行目）戻り値を返す。

［05 行目の空欄に入るコード］

［09 行目の空欄に入るコード］

［10 行目の空欄に入るコード］

アクティブラーニング 9.9

プログラム 9-17 において二つの引数を名前と年齢として自己紹介文を作成する introduce() メソッドを定義し，メインメソッドで 1 回呼び出すよう空欄を埋めよ。

プログラム 9-17 (穴埋め問題 (Pra9.java))

```
01 class Pra9 {
02     public static void main(String[] args){
03         String name = "工科太郎";
```

```
04          int age = 18;
05          System.out.println([          ]);
06      }
07
08      [                    ] {
09          return "私の名前は" + n + ", " + a + "歳です";
10      }
11  }
```

メソッドを呼び出す（実引数は name，age）。

戻り値（String）と引数二つ（String,int）をもつメソッドを定義する。

［05 行目の空欄に入るコード］

［08 行目の空欄に入るコード］

9.3.3 return 文の省略と利用

戻り値を持たない（戻り値が void 型の）メソッドの場合，return 文を省略できる。ただし，単なる記述のし忘れにならないよう注意が必要である。また，戻り値が void 型の場合 return 文は省略可能であるが，つぎの〔1〕,〔2〕のように return 文を利用して条件文のブロック内に記述することにより，条件によってメソッドの途中で処理を終わらせることもできる。

〔1〕 条件によってメソッド内の処理を分岐する例 1

```
public static void ...(){
    ...
    if(...) {
        処理 A;
        return;
    }
    処理 B;
    return;
}
```

この場合，if 文の条件が満たされると処理 A の後 return となり，このメソッドの処理は終了する。

また，条件によってメソッド内の処理を分岐させる場合,〔2〕のように戻り値を利用することによってどの処理が行われたかを区別することもできる。

〔2〕 条件によってメソッド内の処理を分岐する例 2

```
public static int ...(){
    ...
    if(...) {
        処理 A;
        return 1;
    }
    else if(...){
        処理 B;
```

```
        return 2;
    }
    処理 C;
    return 0;
}
```

上の例では，if 文内の処理 A が行われた場合は 1，else if 文内の処理が行われた場合は 2，それ以外の場合は 0 が戻り値として返される。いずれの場合も必要な所に return 文を書き忘れないよう注意してほしい。

コーヒーブレイク

A 子：「どうしたの？」
Q 太：「なんだかわからないけどエラーが出ちゃうんだ。」
A 子：「エラーが出たときにはメッセージをきちんと読めばいいんだよ。」

```
Ex1.java:9: return 文が指定されていません。
    }
    ^
エラー 1 個
```

Q 太：「“return 文が指定されていない”って …？」
A 子：「09 行目だね。うーん，メソッド内で戻り値を返してないんじゃない？」
Q 太：「どうゆうこと？」

プログラム 9-18 (return 文がないためにエラーが出る (Ex1.java))

```
01 class Ex1 {
02     public static void main(String[] args){
03         int ans = Twice(5);
04         System.out.println(ans);
05     }
06 
07     public static int Twice(int a){
08         int b = a*2;
09     }
10 }
```

A 子：「ほら，メソッド内に“return”がないんだよ。」
Q 太：「ホントだ。でも，そういえばさっきのプログラムも“return”を書き忘れたけど，エラーは出なかったよ。」

プログラム 9-19 (return 文がなくてもエラーが出ない (Ex2.java))

```
01 class Ex2 {
02     public static void main(String[] args){
```

```
03         Twice(5);
04     }
05 
06     public static void Twice(int a){
07         int b = a*2;
08         System.out.println(a + "を 2 倍すると" + b);
09     }
10 }
```

A 子：「ホントだ。どうしてだろう？」

ハチ王子先生：「戻り値を持たない void メソッドは，メソッド内の return 文を省略することができるんだよ。」

A 子：「そうか。戻り値を持たないんだから，何も return する必要はないってことですね。」

ハチ王子先生：「そのとおり。Q 太くんもわかったかな？」

Q 太：「はい !… たぶん。」

演　習　問　題

9.1

(1)　プログラム 9-13 を参考に，引数の値を 3 倍して返すメソッド toTriple() を作成せよ。仮引数の型は int，戻り値の型は int とする。

［解答欄］

(2)　(1) で作成した toTriple() メソッドをメインメソッドで呼び出し，戻り値を表示するようプログラムを作成せよ。

［解答欄］

9.2

(1)　プログラム 9-13 を参考に，引数の値を半分にして返すメソッド toHalf() を作成せよ。仮引数の型は int，戻り値の型は double とする。

［解答欄］

(2)　(1) で作成した toHalf() メソッドをメインメソッドで呼び出し，戻り値を表示するようプログラムを作成せよ。

［解答欄］

9.3

(1)　プログラム 9-15 を参考に，消費税を計算するメソッド calcTax() を作成せよ。このメソッドは，第 1 引数に元の価格，第 2 引数に税率を含めた倍率を取り，小数点以下を切り捨てた税込金額を戻り値として返す。

［解答欄］

(2)　(1) で作成した calcTax() メソッドをメインメソッドで呼び出し，戻り値を表示するようプログラムを作成せよ。

［解答欄］

9.4　配列 data[ ] に格納された値を実行例のように表示するメソッド printData() を追加して，プログラム 9-20 を完成させよ。

プログラム 9-20 (演習問題 4(Train4.java))

```
1 class Train4 {
2     public static void main(String[] args){
3         int[] data = {10,23,20,34,22};
4             printData(data);
5     }
6 }
```

実行例

```
1 : 10
2 : 23
3 : 20
4 : 34
5 : 22
```

［解答欄］

9.5　配列 data[ ] に格納された値の合計と平均値を求め，実行例のように表示するメソッド printSumAve() を追加して，プログラム 9-21 を完成させよ。

プログラム 9-21 (演習問題 5(Train5.java))

```
1 class Train5 {
2     public static void main(String[] args){
3         int[] data = {10,23,20,34,22};
4         printSumAve(data);
5     }
6 }
```

実行例

```
合計: 109

平均: 21.8
```

［解答欄］

9.6 配列 data[ ] に格納された値の合計と平均値を求め，実行例のように表示するようにメソッド calcSum() と calcAve() を追加して，プログラム 9-22 を完成させよ。

プログラム 9-22 (演習問題 6(Train6.java))

```
1 class Train6 {
2     public static void main(String[] args){
3         int[] data = {10,23,20,34,22};
4         int sum = calcSum(data);
5         double ave = calcAve(sum,data.length);
6         System.out.println("合計: " + sum);
7         System.out.println("平均: " + ave);
8     }
9 }
```

実行例

```
合計: 109

平均: 21.8
```

［解答欄］

索　　引

―― 編者略歴 ――

1988 年　東京大学工学部電気工学科卒業
1993 年　東京大学大学院工学系研究科博士課程修了
　　　　（電子工学専攻），博士（工学）
1993 年　東京理科大学助手
1999 年　東京工科大学講師
2002 年　東京工科大学助教授
2010 年　東京工科大学教授
　　　　現在に至る

アクティブラーニングで学ぶ　**Java プログラミングの基礎 1**

Foundations of Java Programming 1 — An Active Learning Approach —

2015 年 3 月 20 日　初版第 1 刷発行
2021 年 8 月 5 日　初版第 5 刷発行

検印省略

編　　者　大野澄雄（おおのすみお）
発 行 者　株式会社　コロナ社
　　　　　代 表 者　牛来真也
印 刷 所　三美印刷株式会社
製 本 所　有限会社　愛千製本所

112–0011　東京都文京区千石 4–46–10
発 行 所　株式会社　コロナ社
CORONA PUBLISHING CO., LTD.
Tokyo Japan
振替 00140–8–14844・電話(03)3941–3131(代)
ホームページ　https://www.coronasha.co.jp

ISBN 978–4–339–02486–9　C3055　Printed in Japan　（新井）

メディア学大系

（各巻A5判）

■監　修　相川清明・飯田　仁（第一期）
（五十音順）　相川清明・近藤邦雄（第二期）
大淵康成・柿本正憲（第三期）

配本順		書名	著者		頁	本体
1.	(13回)	改訂 メディア学入門	柿本・大淵 進藤・三上	共著	210	2700円
2.	(8回)	CGとゲームの技術	三上浩司 渡辺大地	共著	208	2600円
3.	(5回)	コンテンツクリエーション	近藤邦雄 三上浩司	共著	200	2500円
4.	(4回)	マルチモーダルインタラクション	榎本美香 飯田　仁 相川清明	共著	254	3000円
5.	(12回)	人とコンピュータの関わり	太田高志	著	238	3000円
6.	(7回)	教育メディア	稲葉竹俊 松永信介 飯沼瑞穂	共著	192	2400円
7.	(2回)	コミュニティメディア	進藤美希	著	208	2400円
8.	(6回)	ICTビジネス	榊　俊吾	著	208	2600円
9.	(9回)	ミュージックメディア	大山昌彦 伊藤謙一郎 吉岡英樹	共著	240	3000円
10.	(3回)	メディアICT	寺澤卓也 藤澤公也	共著	232	2600円
11.		CGによるシミュレーションと可視化	菊池　司 竹島由里子	共著		
12.		CG数理の基礎	柿本正憲	著		
13.	(10回)	音声音響インタフェース実践	相川清明 大淵康成	共著	224	2900円
14.	(14回)	クリエイターのための 映像表現技法	佐々木和郎 羽田久一 森川美幸	共著	256	3300円
15.	(11回)	視聴覚メディア	近藤邦雄 相川清明 竹島由里子	共著	224	2800円
16.		メディアのための数学	松永信介 相川清明 渡辺大地	共著		
17.		メディアのための物理	大淵康成 柿本正憲 椿　郁子	共著		
18.		メディアのためのアルゴリズム	藤澤公也 寺澤卓也 羽田久一	共著		
19.		メディアのためのデータ解析	榎本美香 松永信介	共著		

定価は本体価格+税です。
定価は変更されることがありますのでご了承下さい。

図書目録進呈◆